空地联合分布式通信干扰技术与实践

魏振华　占建伟　韩思明　伍　明
屈毓锛　何玉杰　陈　鑫　著

国防工業出版社
·北京·

内容简介

本书从工程应用角度出发，立足于国防科学技术前沿，较为系统全面地阐述了空地联合分布式通信干扰的概念、组成、特点及应用，尤其是针对空地联合分布式通信干扰中的干扰目标定位、多制式干扰信号生成、超宽带功率放大器设计、空地联合组网通信、多链路通信兼容、分布式通信干扰资源调度优化等关键技术进行了详细的论述。最后，介绍了分布式通信干扰系统工程的设计实例。

本书集理论与应用研究于一体，可供专业院校、国防工业科研装备部门、军事科研装备部门等方面的教学、科研、应用与管理人员阅读，对从事通信干扰对抗领域研究的人员也具有重要的实用价值和参考价值。

图书在版编目（CIP）数据

空地联合分布式通信干扰技术与实践/魏振华等著
.—北京：国防工业出版社，2023.10
ISBN 978-7-118-13002-7

Ⅰ.①空… Ⅱ.①魏… Ⅲ.①通信干扰 Ⅳ.
①TN975

中国国家版本馆 CIP 数据核字（2023）第 134947 号

※

国防工业出版社出版发行
（北京市海淀区紫竹院南路 23 号 邮政编码 100048）
雅迪云印（天津）科技有限公司印刷
新华书店经售

*

开本 787×1092 1/16 **印张** 8¼ **字数** 184 千字
2023 年 10 月第 1 版第 1 次印刷 **印数** 1—2000 册 **定价** 98.00 元

国防书店：（010）88540777 书店传真：（010）88540776
发行业务：（010）88540717 发行传真：（010）88540762

前　言

随着军事电子信息技术的飞跃式发展，战场电磁环境必将更加复杂多样，战场态势瞬息万变，信息交互更加频繁，必须随时保持通信畅通。军用无线通信是战时的主要信息传输手段，是战场指挥员的“千里眼、顺风耳”，更是信息化作战指挥的“神经系统”，作战行动中若没有通信，就没有命令，更没有指挥，作战便无从谈起。由此可见军事通信在现代战争中的作用已经从以往的传输保障上升到防御作战，地位明显提升。因此，与之相对应的通信干扰技术，就成为了当前电子战当中极为重要一种技术手段，如何取得战场“制信息权”，有效压制敌方通信信号，使其“失明、失聪”成为军事通信领域中主要的研究目标之一。而随着电子战的作战环境和作战对消日趋复杂，迫切地需要研究新的技术和新的设备来满足未来高科技战争的电子战的要求。分布式通信干扰是一种“面对面”的干扰，即数量众多的且空间分布的干扰单元群压制较大敌方空域内的通信装备，如短波电台、超短波电台、微波接力等，从而阻止敌方无线电通信发挥正常效能。分布式通信干扰技术是电子干扰的重要发展方向，而空地联合分布式通信干扰作为分布式通信干扰的一种具体应用手段和方式，可以有效应对单一空中或地面干扰平台的不利影响，提高通信干扰效果，确保我方优先掌握信息，占据战争主导权。

本书是作者在通信干扰对抗领域近十年科学研究与成果的积累，以期为空地联合分布式通信干扰系统的技术研究和具体应用提供理论指导和工程实践参考。

本书共分为八章。第1章引言，主要介绍空地联合分布式通信干扰的概念、组成、特点，国内外研究现状及其在电子战中的应用等。第2章干扰目标定位技术，主要解决空地联合空地联合分布式通信干扰系统如何实现干扰目标快速准确定位的问题。第3章多制式干扰信号生成技术，重点阐述空地联合分布式通信干扰系统如何产生多路不同频段、不同干扰模式、不同信号样式的干扰信号。第4章超宽带功率放大器设计技术，研究提出超宽带功率放大器优化方法，突破超宽带传输阻抗匹配和负反馈等功率放大器技术。第5章空地联合组网通信技术，主要论述如何实现众多空地异构干扰资源的组网通信，根据应用需求和规划，统一分配和使用，受控状态下对目标实施干扰。第6章多链路通信兼容技术，重点解决分布式通信干扰面临的空地联合复杂电磁环境构建中涉及的多链路收发通信兼容问题。第7章分布式干扰资源调度优化技术，针对分布式干扰系统中干扰设备数量较多、能量有限，导致干扰资源调度优化难度较大的问题，结合应用环境典型特征，研究提出干扰资源调度优化方法，开展了仿真计算和对比试验。第8章空地联合分布式通信干扰系统工程设计实例，对之前几章阐述的关键技术和算法在工程中的应用进行实例分析，给出工程设计实现的简要思路和初步方案。

本书是作者多年教学、科学研究和工程实践的总结、浓缩和提炼。其中，魏振华、何玉杰和屈毓锛共同编写了第1、4、7章，占建伟和韩思明共同编写了第3、6、8章，伍明和陈鑫共同编写了第2、5章。全书由魏振华统稿。

本书可供专业院校、国防工业科研装备部门、军事科研装备部门等方面的教学、科研、应用与管理人员阅读，对从事通信干扰对抗领域研究的人员也具有重要的实用价值和参考价值。

此外，本书的部分内容还参考了国内外同行专家、学者的最新研究成果，在此一并表示诚挚谢意！

由于作者水平有限，书中难免存在不妥之处，敬请读者批评指正。

著　者

目　　录

第1章 引　言

随着现代技术的快速发展，电子战作为现代战争制胜的关键手段在军事领域的应用越来越受到重视。同时，以人工智能技术为代表的科学技术不断进步，使得战场电磁环境变得日益复杂，新型雷达与通信设备中智能技术，网络技术以及抗干扰技术的广泛应用，也给传统电子对抗、通信干扰系统带来了诸多挑战。而分布式干扰通过将大量成本低廉且轻便的小型干扰机布设在作战对象所在的空域、海域、地域，再由这些干扰机对选定的作战对象进行干扰，有效地应对了这些挑战。基于此，分布式通信干扰技术已经成为当下相关领域的研究前沿问题。本章首先介绍分布式通信干扰系统的基本概念、组成特点以及传统大功率集中式干扰装备存在的不足和面临的挑战，然后对国内外研究现状和关键技术进行分析，最后对分布式通信干扰在电子战中的应用进行介绍。

1.1 分布式通信干扰概述

1.1.1 分布式通信干扰的基本概念

在现代军事通信领域中，通信干扰和抗干扰这对矛盾愈演愈烈，引起了世界各国的高度重视，各国持续投入大量的精力对通信对抗技术进行研究，各种各样的对抗体制和对抗方式层出不穷。在过去的几十年内，以大功率干扰机为代表的电子干扰设备发展迅速，战术使用多种多样，在遂行不同种类的作战任务中发挥了巨大的作用，但是其使用方法和本身的设计存在诸多不足，主要是以下三个方面：

（1）传统的大功率干扰机在使用上只能在较远的距离对干扰对象实施干扰，以大功率的代价取得良好的干扰效果。

（2）从干扰空间场景来看，大功率干扰机的干扰信号基本上只能从被干扰对象的旁瓣进入对方接收机，固有功率损失很大，容易受到超低旁瓣、旁瓣匿影、旁瓣对消等技术的影响。

（3）新型雷达和通信台的组网使用，加强了信息的互联互通和抗毁性。单个大功率干扰属于“一对一”点源干扰，在对抗组网系统时无法满足“面对面”的干扰要求。

在传统集中式大功率干扰缺点日益暴露、无法满足现代通信干扰要求的背景下，分布式通信干扰技术应运而生。分布式通信干扰是在气球载干扰机和无人机机载干扰机等形式上发展起来的一种电子对抗设备。根据战术需要，通常将大量的小型干扰单元散布到被干扰目标的空域或地域，这些小型干扰单元具有质量轻、体积小和成本低的特点，可以受控地或自动地对敌方的电子设备进行干扰。在特定区域内，它们既可以产生虚假的进攻态势，也可以掩护目标。通常，干扰单元的体积约为拳头大小、质量是千克量级。分布式干扰既可以为群目标进行掩护干扰，也可以用来进行自卫干扰。其所采用的小型干扰单元的基本分类和特性如表 1-1 所示。

表 1-1　小型干扰单元的基本分类和特性

干扰类型	方　式	信号形式	调制方式	
			幅度调制	频率调制
1	有源	噪声	脉冲或连续调制	扫频或固定调制
2	有源	转发或存储	脉冲、连续或噪声调制	固定或雷达信号类似的频率调制
3	无源	反射被对抗设备的信号	脉冲调制、与雷达相同的调制	与雷达的频率调制信号相同

1.1.2　分布式通信干扰系统的基本组成及特点

分布式通信干扰主要是针对单一大功率远程干扰提出的一种新型干扰方式，其采用的干扰信号形式从理论上讲可以是任何一种单干扰机所使用的干扰方式。分布式干扰机一般采用有源干扰，主要由天线、开关（负责接收、发送）、前端模块、信号处理模块、上变频模块、电池、功放模块等组成，具体的结构如图 1-1 所示。

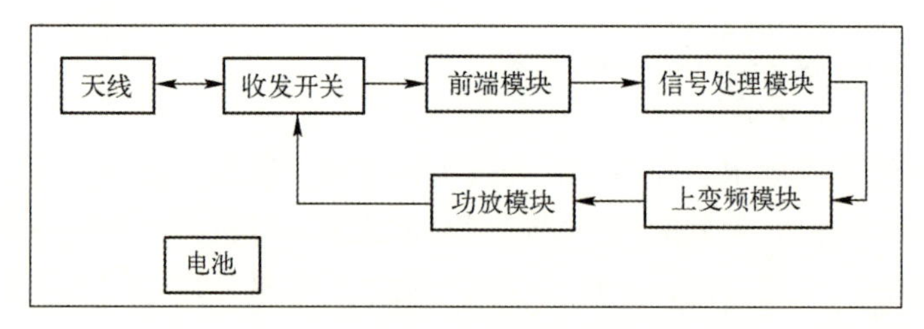

图 1-1　分布式干扰系统结构组成示意

其工作程序为：首先天线将接收到的信号传送至收发开关，接着功放模块与天线之间实现信号的输出、输入。前端模块中的低噪声能够将微弱的无线信号放大，确保其电平能够满足下一步的处理需求。信号处理模块是分布式通信干扰设备的核心，主要对接收到的信号进行侦察、分析、识别等，在中频信号的激励下，上变频模块可以将中频信号转换为高频信号，经过功放模块将干扰信号由天线发送出去。

因为分布式通信干扰的干扰单元可散布在敌方目标的附近，形成干扰扇面，所以干扰信号更容易进入敌方雷达或通信设备的主瓣进行干扰。传统的集中式干扰机系统在对敌方实施干扰时，因为发射的干扰信号功率较大，所以也会对己方造成影响。干扰机散布在敌方的纵深处，远离己方，所以分布式干扰技术使得电磁兼容的问题得到有效解决。又由于分布式干扰单元配置在离干扰目标比较近的地方 ，所以分布式干扰具有距离优势的同时也具备了功率优势，其所需要的发射功率要比传统的大功率干扰单元小得多 。此外，分布式通信干扰系统还具备以下几个优点。

（1）携行易：分布式通信干扰系统具有体积小，质量轻，易放置，可回收，干扰距离和干扰功率设置灵活，干扰功率较高等突出优点，相比传统大功率集中式干扰装备，其优势主要体现在干扰距离、干扰功率和干扰区域上。

（2）功能全：分布式通信干扰一般采用多模多制式干扰方法，可以设计不同的干扰信号来针对不同类型的装备（如雷达、通信、数据链等），从而具备对多种装备的干扰能力；能够实时侦测电磁频谱，实现侦干一体集成。

（3）频域宽：可以使用多台干扰机覆盖全频段，或者使用一台干扰机集成多个功放覆盖全频段。

（4）分布广：传统大功率干扰方式在干扰的同时容易被敌方发现，使干扰机成为敌方的首要攻击对象，但分布式干扰干扰单元多、分布面积广，即使受到攻击，对己方也没有太大的影响。

1.1.3 空地联合分布式通信干扰技术

分布式通信干扰相对传统集中式大功率干扰方式有较为明显的优势，但常见的分布式通信干扰系统都是基于车载式的，这些系统设备在使用方面有时不够灵活，不能满足特定使用需求，例如在移动平台不便于快捷到达的广场、会议楼、人口密集区域、窄小道路等场合，其使用受到诸多限制。尤其是对于一些较为特殊的野外山区作业场所，车载干扰设备发射的信号损耗严重，山区遮挡明显，干扰作用距离较小，对设备使用场地有较高的要求。在特定环境下，存在车载装备无法展开、难以实施有效干扰的情况。如果只采用空中干扰平台实施干扰，又存在平台数量少、成本高、制空飞行时间有限等不足。

因此，采用无人机等浮空平台的空中干扰平台结合地面背负式干扰设备，在实现空地联合组网、干扰资源智能化调度的基础上，构建空地联合分布式通信干扰系统。从训练角度看，该系统能够有效模拟空中干扰，为通信对抗训练提供环境基础；从实战角度看，该系统可以提高通信干扰覆盖范围，提升通信干扰效率，具有良好的系统鲁棒性和稳定性，可以有效应对多种复杂的作战环境需求。

1.2 分布式通信干扰技术进展

分布式通信干扰的发展由来已久。早在2000年，美国国防高级研究计划局就对外宣布开始进行“狼群”网络化电子战研究。“狼群”系统使数量众多的小型干扰分站通过分布式网络结构进行数据交换，相互协作，破坏敌方的指挥通信链路以及侦察、监视等系统，对敌目标进行压制或欺骗式轮番攻击。“狼群”系统通过对敌指挥控制、军事通信、情报侦察、预警探测等关键节点实施精确干扰，阻止各节点间的互联互通。同时，“狼群”系统还具备采用压制式干扰对敌特定目标实施定向攻击，或生成假目标信号进行欺骗，从而破坏敌方的指挥通信、预警探测等关键系统的核心节点，降低对抗目标场态势感知能力。

2010年，“狼群”系统正式列装美国陆军，在战场上得到了广泛应用，取得了比较好的作战效能，达到了预期目标。根据国内外相关资料的综合分析，“狼群”系统的工作频率为20MHz~20GHz。“狼群”系统内的“狼”（即单个分布式通信干扰机），相互之间可以智能联网、互联互通、交换信息，协同工作，实现对敌目标的识别、分析、定位和干扰，并由“头狼”向更大的网络传送信息。“狼群”系统可以根据任务需要动态组网，所有的“狼”（即单个分布式通信干扰机）采用相同设计，具有模块化、开放性、可拓展、易更换、便维护等特点，系统软、硬件模块升级改造十分方便，确保了整个系统智能化程度的不断提升，而且根据任务需要，可通过远程重新编辑能力，实现系统内各节点的动态调整。战时，“狼群”系统还可以准确定位敌发射机位置，引导精确制导武器，甚至可以渗透敌方的各类网络，便于后方人员直接操纵管理敌网络内的各类节点、装备，乃至发出虚假指示命令等。

“狼群”的成功使得分布式通信干扰系统的研究成为业内的研究热点。随着近些年分布式通信干扰技术的不断发展，分布式干扰的各种研究成果层出不穷。我国虽然起步晚于国外，但近年来也取得了一定的成果。在信号定位技术方面，利用各干扰机进行初级信号分选并对其结果进行融合分选识别处理，随后对处理结果运用多点源定位方法定位组网雷达；在海上分布式干扰方面，通过海上无人值守浮升式的侦察干扰平台，作战时通过“头狼”指挥“狼群”进行干扰，即海上狼群系统构想；在通信对抗训练方面，国内的厂商更是已经研发出多种型号训练系统，用来模拟实战复杂电磁环境条件下的分布式通信干扰环境，用以实兵训练。

在实际应用过程中，分布式通信干扰系统根据其自身特点有如下五个方面的需求，也可以被看作未来的优化发展方向。一是小型化。由于干扰系统应用环境特殊，干扰机硬件设备应注重电磁兼容问题，充分发挥出单片机、MMCI技术、电源模块优势，朝着小尺寸、小型化、轻质量发展。二是优化供电方式。对于分布式干扰机而言，其设备体积比较小，电池容量受限，应采用高性能电池，以风力电池、太阳能电池为主，全面发挥出自然资源优势。三是强化敌我识别、保密通信。按照实际应用需求，分布式通信干扰系统应能够保证设备识别敌我准确性；通过特殊加密信号，降低敌方信号不良影响；使用定时器，准确启动电源供给系统、干扰程序。四是免维护、高可靠性。在实践应用过程中，分布式干扰机应具备较强可靠性，尽可能延长使用寿命，使其无须频繁调试、维护。五是干扰资源调度合理。根据任务需求，各干扰机应能够自适应地动态优化调度干扰资源，提高干扰效率和效果。为了适应上述发展需求，应该在如下几点关键技术上进行突破和研究。

1. 干扰目标定位技术

干扰目标定位技术是实现分布式无线通信对抗训练系统侦测与干扰于一体的重要技术手段。分布式无线通信对抗训练系统由于设备体积以及电池容量有限，因此，在实施侦听识别、测向定位时采用无源测向定位技术，不主动向外辐射信号，只被动接收干扰目标的信号，完成对干扰目标的定位。但是，如何快速、准确地对干扰目标进行测向定位是首先需要解决的问题。

2. 多制式干扰信号生成技术

针对分布式干扰系统工作模式多、信道差异大、干扰实施难度大的问题，基于通信干扰原理，结合电子战环境的典型特征，构建实用化的通信干扰模式，分析提取干扰信号的特征参数，分别建立信号源产生模块，开展仿真测试，实现高精度的多制式干扰信号的生成。

3. 超宽带功率放大器设计技术

分布式通信干扰系统为了携行方便和灵活部署，需要自带锂电池或便携式油机供电，为了减轻系统质量和延长干扰设备的工作时间，需要进行小型化设计，即尺寸小、质量轻、成本低。干扰设备中质量和功耗较大的是功放模块，因此需要解决超宽带干扰功率放大技术。针对此问题，提出超宽带功率放大器优化方法，突破超宽带传输阻抗匹配和负反馈等功率放大技术，解决传输路径损耗、均衡性和稳定性等设计难题，以提高功率放大器的效率和稳定性（带内平坦度），延长干扰作用时间。

4. 空地联合组网通信技术

由于通信装备多，频率覆盖散，通信地域地形环境复杂，因此需要采用空地联合分布式干扰设备的联合组网来实现多个通信频率和多调制样式的空地联合组网干扰。此时需要将众多的空地异构干扰资源进行组网，根据应用需求和规划，统一分配和使用，在受控状态下对目标实施干扰。在实际运用中，一是要实现对干扰设备的参数配置、频谱侦测和状态监测；二是要实现各空地干扰设备之间，通过集中控制进行实时或低延时的信息交互。因此，需要开展分布式空地联合组网通信技术研究，提升干扰协同能力。

5. 多链路通信兼容技术

针对空地联合分布式通信干扰系统中涉及的多链路收发通信兼容问题，在分析空间隔离、时间隔离、极化隔离、频率隔离、自适应对消隔离等各种隔离方式的优缺点以及可行性的基础上，设计基于时分多址技术的无线自组网通信链路 MAC 接入协议，以避免多节点在通信过程中同时发送业务产生冲突，提高信道利用率。

6. 分布式干扰资源调度优化技术

针对分布式干扰系统中干扰设备数量较多、能量有限，导致干扰资源调度优化难度较大的问题，结合应用环境典型特征，构建实用化的通信干扰方程，分析研究定功率式和定位置式两种干扰资源调度优化方法，分别建立干扰资源分配模型，开展仿真计算，以实现干扰设备的优化部署和干扰参数的自动生成。

1.3 分布式通信干扰在电子战中的应用

分布式通信干扰系统具备体积小、质量轻、易放置、可回收、相对干扰功率较高等突出优点，可在电子战中发挥复重要作用。

（1）能够为构建复杂电磁环提供重要手段。分布式通信干扰系统既可单台独立使用，又可多台组网运用，能够采取伴随抵近干扰方式，以小功率、近距离，“等效模拟”大功率、无盲区的远距离电磁干扰，快速构建逼真的复杂电磁环境。

（2）针对对抗目标多种工作模式的自适应干扰。建立干扰资源与目标状态之间的联系，可以根据环境特征和威胁信号的变化情况来动态调整干扰策略、干扰规则及干扰参数，以合理地使用干扰资源，从而实现对对抗目标的自适应干扰。

（3）能够为频谱监测训练提供复杂多样的电磁信号，促进频管分队监测分析、协同抗扰能力提升。该系统干扰机产生发射的多波形、多通道、多模式电磁信号，能够较好地解决频谱监测力量训练信号源不足的问题，提高其快速侦测捕获、分析识别、测向定位能力；同时，可用于通信与频管力量复杂电磁环境下的专业协同训练，充分发挥频管分队在抗扰保通中的协同支援作用，拓展形成协同抗扰能力。

第2章 干扰目标定位技术

空地联合分布式通信干扰系统设备体积以及电池容量有限，因此，在实施侦听识别、测向定位时，采用无源测向定位技术，不主动向外辐射信号，只被动接收干扰目标的信号，完成对干扰目标的定位。但是，如何快速、准确地对干扰目标进行测向定位是首先需要解决的问题。本节针对空地联合分布式通信干扰系统如何实现干扰目标快速、准确定位的问题，研究提出基于相位的干扰目标快速无模糊定位方法和基于多站信息融合的干扰目标定位方法，并开展仿真验证。

2.1 基于相位的干扰目标快速无模糊定位方法

首先分析基于相位算法的模糊性问题，并针对实际应用需求研究模糊情况下目标三维定位正确位置估计问题。之后，提出一种新的模糊度解算算法，称为模糊度遍历和余弦匹配（Ambiguity Traversing and Cosine Matching，ATCM）算法，该算法可以同时实现定频和跳频源的无模糊三维定位。ATCM 方法利用分布式干扰分站的中心对称性来解耦目标角度和深度，并通过模糊度遍历，得到不同模糊度对应的相位差矩阵。然后，基于余弦函数的无模糊相位差特性，利用相位差矩阵的所有元素与具有可变振幅和初始相位的余弦函数相匹配。由于余弦函数和目标角度存在对应关系，因此采用穷举搜索的方法，可以找到余弦函数和目标角度的最佳匹配，从而估计出目标的无模糊粗糙角度估计。最后，利用获得的无歧义模糊角度，通过近似平面波前和曲线波前之间的方向矢量来完成目标深度以及精确角度估计。

2.1.1 问题描述

如图 2-1 所示，采用了 M 个阵列形成半径为 R 的固定均匀圆阵列全向天线，其中 M 个阵列均匀分布在平面上。

假设一个具有弯曲波前的单一窄带源位于(ϕ,θ,r)，其中，ϕ 为绕 x 轴顺时针测量值，其范围为 $\phi\in[-\pi,\pi]$，θ 为以 z 轴为基准的俯仰角，其取值范围为 $\theta\in[0,\pi/2]$，r 为从 UCA 观测中心到目标的距离值。

不失一般性，认为目标辐射的范围超出菲涅耳区，但不满足菲尔德的条件。在这些假设下，传感器在时间 n 时的第 m 个输出可以写为

$$x_m(n)=s(n)\exp\left\{\mathrm{j}\frac{2\pi}{\lambda}(r-r_m(\phi,\theta,r))\right\}+\boldsymbol{w}_m(n) \tag{2.1-1}$$

其中 $m=1,2,\cdots,M,n=1,2,\cdots,N$。$s(n)$是具有幂 σ_s^2 的复杂包络，$\boldsymbol{w}_m(n)$是幂为 σ_n^2 的复杂高斯白噪声矢量，λ 为目标源波长，$r_m(\phi,\theta,r)$是第 m 个传感器到目标的距离值，

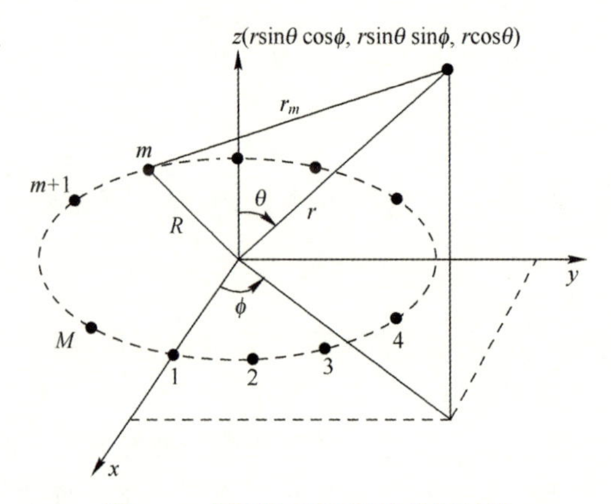

图 2-1　圆形阵列和源的几何结构

其形式为

$$r_m(\phi,\theta,r)=r\sqrt{1+\left(\frac{R}{r}\right)^2-\frac{2R\zeta_m(\phi,\theta)}{r}} \tag{2.1-2}$$

其中，$\zeta_m(\phi,\theta)=\cos(\gamma_m-\phi)\sin\theta$，而 $\gamma_m=2\pi(m-1)/M$，定义如下方程：

$$f(\iota_r)=\{1+\iota_r^2-2\iota_r\cdot\zeta_m(\phi,\theta)\}^{1/2} \tag{2.1-3}$$

其中 $\iota_r=R/r$，由于 r 相对于 R 足够大，$f(\iota_r)$ 能够利用二阶泰勒近似展开为

$$f(\iota_r)\approx f(0)+f'(0)\iota_r+\frac{1}{2}f''(0)\iota_r^2 \tag{2.1-4}$$

此时，$r_m(\phi,\theta,r)$ 能够近似表示为

$$r_m(\phi,\theta,r)\approx r-R\zeta_m(\phi,\theta)+\frac{R^2}{2r}(1-\zeta_m^2(\phi,\theta)) \tag{2.1-5}$$

将式（2.1-5）带入式（2.1-1）可得近似信号模型为

$$x_m(n)=s(n)\exp\left\{\mathrm{j}\,\frac{2\pi R}{\lambda}\left(\zeta_m(\phi,\theta)-\frac{R}{2r}(1-\zeta_m^2(\phi,\theta))\right)\right\}+\omega_m(n) \tag{2.1-6}$$

从式（2.1-6）可以看出，目标源的角度和距离包含在指数表达式中，通过采用一些代数方法，利用接收数据的相位信息，进一步估计角度和距离参数，该方法可以很好地实现目标源的三维定位。

2.1.2　相位算法的模糊度分析

近年来，对于信源的三维定位，基于相位的算法以其低计算复杂度和高估计精度受到越来越多的关注。然而，当阵列直径超过信源波长的一半时，基于相位的算法将产生模糊问题。需要指出的是，并非所有的信源位置估计都会出现相位模糊。这里首先介绍基于相位的算法。然后，分析基于相位的算法的模糊性问题，并研究在模糊情况下仍然正确的估计区域。

1. 相位算法基本介绍

在相位算法中相关函数定义如下：

$$R_{m,d}=E\{x_m(n)x_d(n)^*\}$$

$$=\sigma_s^2\exp\left\{\mathrm{j}\frac{2\pi R}{\lambda}(\psi_m(\phi,\theta,r)-\psi_d(\phi,\theta,r))\right\}+\sigma_n^2 \tag{2.1-7}$$

其中 $E\{\}$ 定义期望值：

$$d=\begin{cases}M, & m+l=M,l=1,2,\cdots,M-1\\ \mathrm{mod}(m+l,M), & 其他\end{cases} \tag{2.1-8}$$

l 代表使用传感器之间的空间距离，$\psi_m(\phi,\theta,r)=\zeta_m(\phi,\theta)-(R/2r)(1-\zeta_m^2(\phi,\theta))$，$(\cdot)^*$ 表示复共轭。假设收到的信号无噪声污染，则相位 $R_{m,d}$ 定义为

$$u_{m,d}=\frac{2\pi R}{\lambda}(\psi_m(\phi,\theta,r)-\psi_d(\phi,\theta,r))2+\pi q \tag{2.1-9}$$

其中 q 为某整数。然后，在无模糊情况下，基于相位的算法将无模糊相位角转化为矩阵形式，并利用最小二乘法（LS）获得源的三维参数。

2. 相位算法存在的模糊问题

需要指出的是，这里设计的相位关联函数范围在 $[-\pi,\pi]$ 并且其值对于 $q\neq0$ 情况下是非固定的，这将导致目标位置估计的错误。此处，这种由于相位估计错误而导致目标位置估计错误的问题称为相位模糊。为了保证式（2.1-9）中不存在相位模糊，必须满足条件 $R\leqslant\lambda/4$。

值得注意的是，一旦阵列设计完成，约束条件 $R\leqslant\lambda/4$ 对于目标位置估计就是无用的。然而，并非所有目标位置估计都会出现相位模糊问题，因此，在模糊情况下研究源位置的正确估计区域对于实际运用具有重要意义。

3. 源位置的非模糊估计区域

当 $q=0$ 时不存在模糊问题，此时有

$$\rho_{m,d}=\frac{2\pi R}{\lambda}(\psi_m(\phi,\theta,r)-\psi_d(\phi,\theta,r)) \tag{2.1-10}$$

利用三角函数，能够得到非模糊相位差可以简化表示为

$$\begin{aligned}\psi_m(\phi,\theta,r)-\psi_d(\phi,\theta,r)&=\zeta_m(\phi,\theta)-\zeta_d(\phi,\theta)\\&+\frac{R}{2r}(\zeta_d^2(\phi,\theta)-\zeta_m^2(\phi,\theta))=\sin\theta(\cos(\gamma_m-\phi)\\&-\cos(\gamma_d-\phi))+\frac{R}{2r}\sin^2\theta(\cos^2(\gamma_d-\phi)\\&-\cos^2(\gamma_d-\phi))\end{aligned} \tag{2.1-11}$$

$$\begin{aligned}\rho_{m,d}=\frac{4\pi R}{\lambda}\Big\{&\sin(\chi(m+d-2)-\phi)\sin(\chi(d-m))\\&\cdot\sin\theta+\frac{R}{2r}\cdot\sin(2\chi(d-m))\\&\cdot\sin(2\chi(m+d-2)-2\phi)\sin^2\theta\Big\}\end{aligned} \tag{2.1-12}$$

其中 $\chi=\pi/M$，由于 r 相对于 R 足够大，式（2.1-12）可以近似表示为

$$\rho_{m,d}\approx\frac{4\pi R}{\lambda}\sin(\chi(m+d-2)-\phi)\sin(\chi(d-m))\sin\theta \tag{2.1-13}$$

由于相位差 $u'_{m,d}$ 是非模糊的，因此其满足 $|u'_{m,d}|\leqslant\pi$。将式（2.1-13）带入条件式

可得

$$\sin(\theta) \leqslant \frac{\lambda}{\{4R \cdot |\sin(\chi(d-m))\sin(\chi(m+d-2)-\phi)|\}} \tag{2.1-14}$$

简化上式，忽略目标俯仰角的影响，此时 $\sin(\chi(m+d-2)-\phi)=1$，那么式（2.1-14）可以表示为

$$\sin(\theta) \leqslant \frac{\lambda}{\{4R \cdot |\sin(\chi(d-m))|\}} \tag{2.1-15}$$

并且

$$\theta_{\max} \approx \arcsin\left\{\frac{\lambda}{\{4R \cdot \max_m(|\sin(\chi(d-m))|)\}}\right\} \tag{2.1-16}$$

可以发现，目标的最大仰角与传感器数量、阵列直径、间距选择和目标频率相关。因此，在式（2.1-16）确定的目标最大仰角条件下，基于相位的算法中的相位差不会引入模糊度，并且相关源位置的参数估计是有效的。然而，模糊区很宽，需要提出去模糊方法。因此，接下来，将提出一种新的基于相位差余弦特性的模糊度解算算法。

2.1.3 利用 ATCM 方法解决模糊问题

很明显，不正确的距离估计是由较大的角度估计误差引起的，因此，目标位置三维参数估计中的模糊性主要来自角度估计。然而，在式（2.1-6）中，由于目标角度和距离相关联，因此模糊度的解决是困难的工作。为了实现模糊度解算，需要对源的角度和距离进行复杂的分离。在这里，首先将两个围绕圆心对称的传感器定义为中心对称接收天线，因此传感器的数量必须为偶数才能确保此特性。通过计算中心对称接收天线的相位差，实现目标角度和距离的解耦。然后，基于无模糊相位差的余弦特性，采用模糊度遍历和实际值匹配的方法，得到无模糊度的粗目标角度估计。

1. 目标角度和距离分离

当传感器数量为偶数时，可知 $\gamma_{m+M/2}=\gamma_m+\pi$，则

$$\zeta_{m+M/2}(\phi,\theta)=-\zeta_m(\phi,\theta) \tag{2.1-17}$$

根据式（2.1-17），中心对称接收天线的相位差可以表示为

$$\begin{aligned} u_{m,m+M/2} &= \frac{2\pi R}{\lambda}(\psi_m(\phi,\theta,r)-\psi_{m+M/2}(\phi,\theta,r)) \\ &+2\pi q = \frac{4\pi R\zeta_m(\phi,\theta)}{\lambda}+2\pi q \end{aligned} \tag{2.1-18}$$

注意到 $u_{m,m+M/2}$ 仅由二维角度目标位置参数 $\zeta_m(\phi,\theta)$ 决定，那么可以得到一种高效的解决模糊问题的方法，在 $q\neq 0$ 的条件下，这种方法能够得到目标实际角度。

2. 目标角度的模糊问题解决

可以用 cosine 函数的某些采样点表示非模糊相位差 $\rho_{m,m+M/2}$。此时角度频率为 $2\pi/M$，初始相位为 $-\phi$，并且幅度值为 $4\pi R\sin\theta/\lambda$。因此，可以得到一个优化目标公式：

$$\begin{cases} \min\limits_{A,\varphi} \sum\limits_{m=1}^{M/2} \left| \rho_{m,m+M/2} - A\cos\left(\dfrac{2\pi(m-1)}{M} + \varphi\right) \right| \\ \text{s.t.} \quad A > 0, \quad \varphi \in [-\pi,\pi) \end{cases} \tag{2.1-19}$$

此处 min{·}表示最小化值。可见目标实际角度可以通过求解该最小值来获得。

在搜索最佳匹配之前，首先需要确定近似目标值 $\rho_{m,m+M/2}$，所以相位差的最大模糊度可以计算如下：

$$D=\mathrm{ceil}\left(\frac{2R}{\lambda}\right) \tag{2.1-20}$$

其中 ceil(·)表示取上整数。利用模糊遍历所有可能的非模糊相差包括在以下矩阵中：

$$\boldsymbol{U}=\begin{bmatrix} u_{1,1+M/2}-2\pi D & u_{2,2+M/2}-2\pi D & \cdots & u_{M/2,M}-2\pi D \\ u_{1,1+M/2}-2\pi(D-1) & u_{2,2+M/2}-2\pi(D-1) & \cdots & u_{M/2,M}-2\pi(D-1) \\ \vdots & \vdots & & \vdots \\ u_{1,1+M/2}+2\pi D & u_{2,2+M/2}+2\pi D & \cdots & u_{M/2,M}+2\pi D \end{bmatrix} \tag{2.1-21}$$

由于 cosine 函数的幅度和初始相位未知，因此这里采用穷举法得到非模糊相位差。假设初始幅度为 $A_0=0$，搜索步长为 ΔA，搜索上限为 $\mathrm{ceil}(4\pi R/\lambda)$。同时，初始相位为 $\varphi_0=-\pi$，搜索步长为 $\Delta\varphi$，搜索上限为 π。为了消除相位差的模糊性，设计了一种新的优化公式：

$$G(A,\varphi)=\sum_{m=1}^{M/2}\min_{A,\varphi}\left\{\left|\boldsymbol{U}(\cdot,m)-A\cos\left(\frac{(2m-1)\pi}{M}+\varphi\right)\right|\right\} \tag{2.1-22}$$

其中 $\boldsymbol{U}(\cdot,m)$表示式（2.1-21）中的第 m 列元素。通过搜索 $G(A,\varphi)$的最小值，能够找到非模糊相位差，并且实际目标的俯仰角和偏航角也能通过它们对应的幅度和初始相位获得，其计算公式如下：

$$\hat{\phi}=-\varphi \tag{2.1-23}$$

$$\hat{\theta}=\arcsin\left(\frac{A\lambda}{4\pi R}\right) \tag{2.1-24}$$

ATCM 处理过程可以总结为以下几步：

第一，通过计算中心对称接收天线的相位差解耦目标的角度和距离。

第二，为了解决模糊问题，利用式（2.1-18）计算相位差的最大模糊度 D［注：来自式（2.1-20）］。

第三，目标去模糊的角度$(\hat{\phi},\hat{\theta})$估计可以通过从式（2.1-21）和式（2.1-22）中减去特定相位和幅度而获得。

需要特别指出的是，去模糊和估计精度取决于搜索的步长。步长越小，估计越精确，但是消耗的计算资源也更多，从而影响方法的实时处理能力。为了解决这个问题，在 ATCM 算法中首先采用特定步长得到粗糙的目标角度，而精确的目标角度通过近似平面波前和曲线波前之间的方向矢量得到，这样处理使算法的精确性和实时性得到了保障。另外，以上方法均针对单个目标，同时也设计了多目标定位方法，多目标定位方法通过计算接收数据对应频谱峰值的相位差来实现，由此可见，利用 ATCM 算法，每一个目标的去模糊三维位置参数均可以获得。图 2-2 描述了处理基本流程。

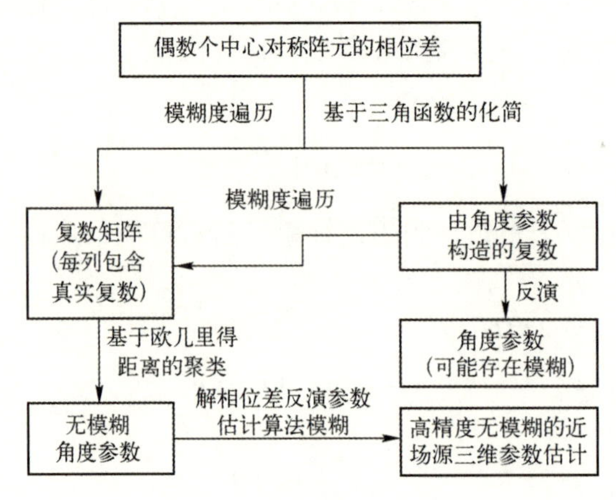

图 2-2　目标 3D 定位基本流程图

2.1.4　仿真实验及分析

本部分将通过实验验证方法的合理性，分析无歧义估计区域和所提出的解模糊方法的有效性。仿真实验分为四个部分：首先，对无模糊估计区域的理论分析和模拟结果在三维情况下进行了比较；其次，为了进一步证明式（2.1-15）的合理性，对二维情形下的类似比较进行了分析说明，同时验证了 ATCM 算法的有效性；再次，通过实验分析了搜索步长和信噪比对 ATCM 算法性能的影响；最后，通过使用直方图分布来证明 ATCM 算法能够取得令人满意的目标三维定位精度。

1. 三维环境下无模糊参数估计区域的比较

不失一般性，考虑单目标频率为 f=900MHz，UCA 的固定半径 R=0.5m，采样频率 f_s=2GHz，采样点 N=2000。这里需要指出的是，如果阵列直径大于目标的半波长，那么基于相位的算法的参数估计可能会引入相位模糊。为了验证推导的解析表达式的有效性，分别考虑了接收天线的数量和间距的两种不同组合。

图 2-3 显示了在无噪声环境下，利用模拟实验进行非模糊参数估计的比较结果。

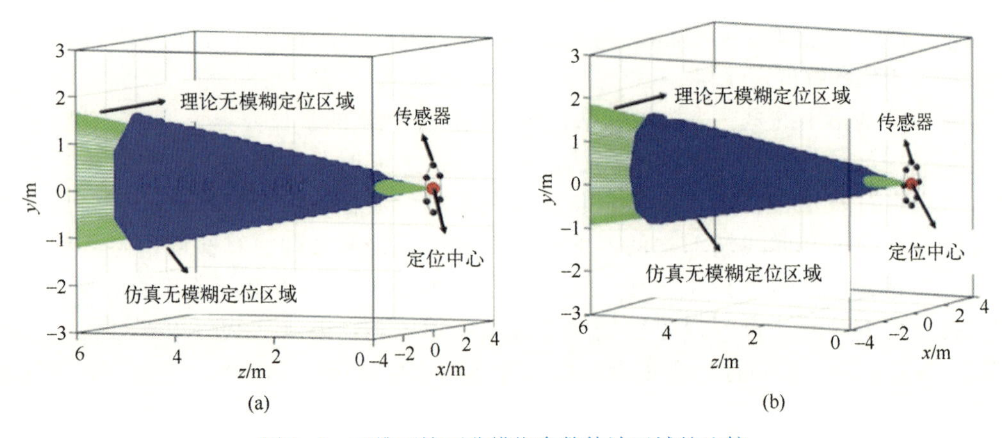

图 2-3　三维环境下非模糊参数估计区域的比较

从图 2-3（a）可知，6 个黑色圆点表示的接收天线等间距布设在空间中组成一个 UCA，红色圆点为 UCA 的中心点。假设目标位置搜索区域为 $x\in[-4,4]$，$y\in[-3,3]$，$z\in[0,6]$，同时，接收天线空间距离 $l=2$。其中绿色线段所覆盖的区域为利用式（2.1-6）模拟计算的目标位置区域，蓝色点覆盖的区域为目标实际区域，可以发现模拟计算区域和实际区域几乎重合。需要指出的是，这里存在一个三维定位精度极限，因为目标距离相对于传感阵列半径要足够大，因此可保证式（2.1-5）和式（2.1-13）的近似精确性。

在图 2-3（b）中，接收天线数量 $M=8$，采用的接收天线部署空间 $l=3$，其他条件不变。可以看出，其结果和图 2-3（a）相近。因此，可以得出这样的结论：解析表达式可以为获得非模糊区域估计提供有价值的参考。

实际上，注意到解析得到的非模糊区域和模拟的非模糊区域不完全重合。因此，进一步研究当 $z=3$m 时 Z 平面上的去模糊区域估计问题，如图 2-4 所示。

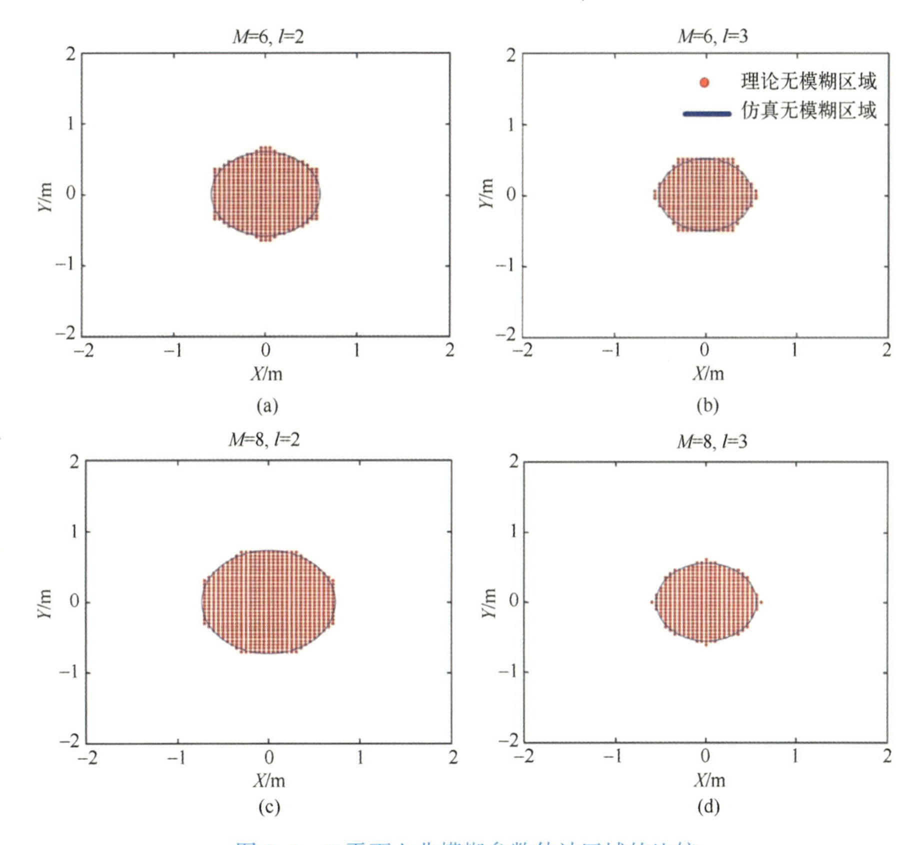

图 2-4　Z 平面上非模糊参数估计区域的比较

（a）$M=6$，$l=2$ 的非模糊区域；（b）$M=6$，$l=3$ 的非模糊区域；（c）$M=8$，$l=2$ 的非模糊区域；（d）$M=8$，$l-3$ 的非模糊区域。

图 2-4 中解析表达式计算的非模糊估计区域用蓝色圆圈表示，仿真模拟得到的非模糊区域用红点表示。从该图可见，在阵列直径和目标频率固定时，随着接收天线的增加，非模糊度估计区域变宽，但随着接收天线间距的增加，非模糊度估计区域变窄。另外可以发现，通过模拟获得的一些明确的估计位置超出了解析表达式的范围，这是由

式（2.1-14）到式（2.1-15）的简化引起的，其中忽略了目标方位角的微小影响。

2. ATCM 的执行效率

以两个振幅相同的非相干目标源为例。接收天线数量设为 $M=8$，SNR 设为 10dB，采样率设 $f_s=4\text{GHz}$，采样数量 $N=4000$，其余实验参数不变。其中一个目标频率为 900MHz，位于（20.1°,10.5°,4.5m）处；另一个目标频率为 1.5GHz，位于（120.5°,30.2°,8m）处。源目标位置如图 2-5 所示。

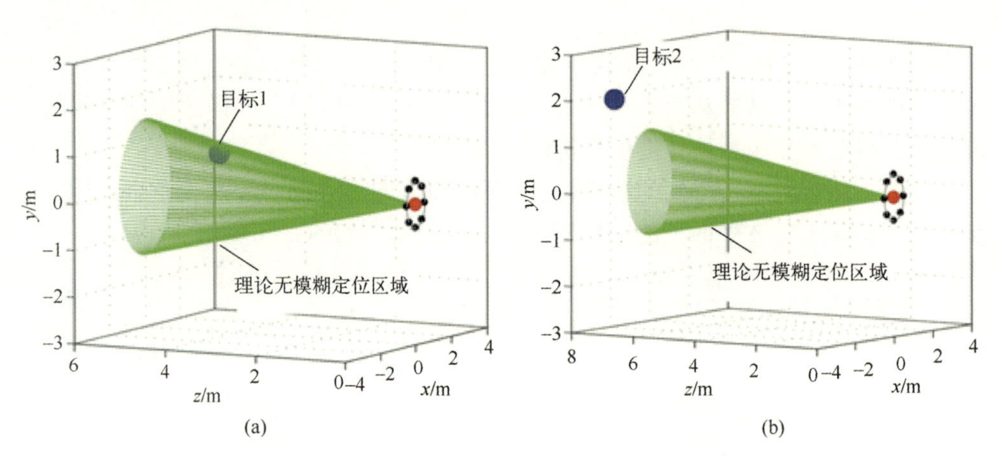

图 2-5 源目标位置

（a）源目标 1（f=900MHz）；（b）源目标 2（f=1.5GHz）。

其中，蓝色点为目标位置，绿色直线为 $l=2$ 时利用式（2.1-6）计算得到的覆盖区域。从图 2-5 可见，频率为 900MHz 的目标源位于非模糊区域内，频率为 1.5GHz 的目标源位于非模糊区域外。

通过计算相位差，相位差矩阵可以通过模糊度遍历得到。从图 2-6 可见，蓝色圆点代表不同模糊度条件下的相位差，红色曲线代表非模糊相位差对应的目标 cosine 函数。值得注意的是 4 个相位差点刚好位于 cosine 函数曲线上。这里需要指出的是，在相位差矩阵中存在多条 cosine 曲线，但是只有一条 cosine 曲线和非模糊相位差对应。

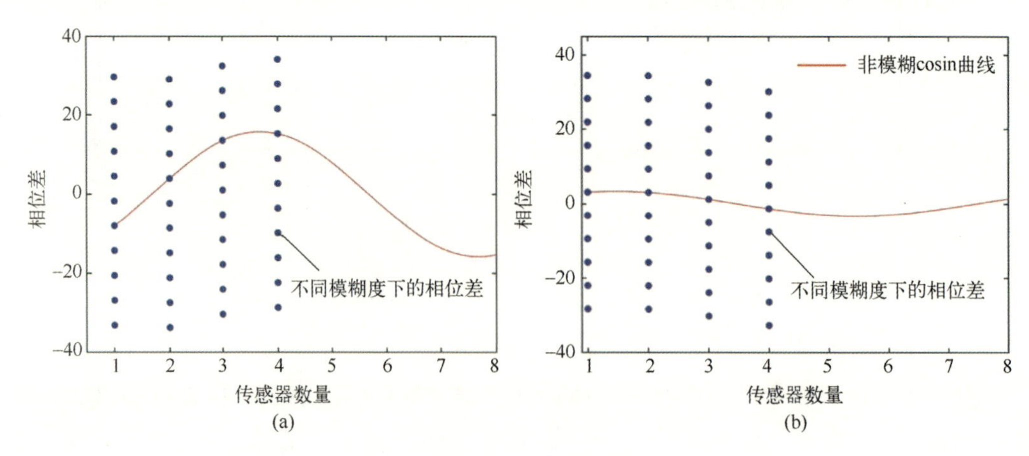

图 2-6 不同模糊度条件下的相位差

（a）目标源 1；（b）目标源 2。

因此，可以利用穷举遍历法和 cosine 匹配法确定非模糊相位差。此处，为了直接展示方法的合理性，采用仰角搜索代替上述振幅搜索，角度搜索的步长为 $\Delta\theta=1°$。最小差值之和如图 2-7 所示，很明显最小差值和与实际目标角度对应。因此，通过搜寻最小值可以得到去模糊的目标角度的非精确估计值。

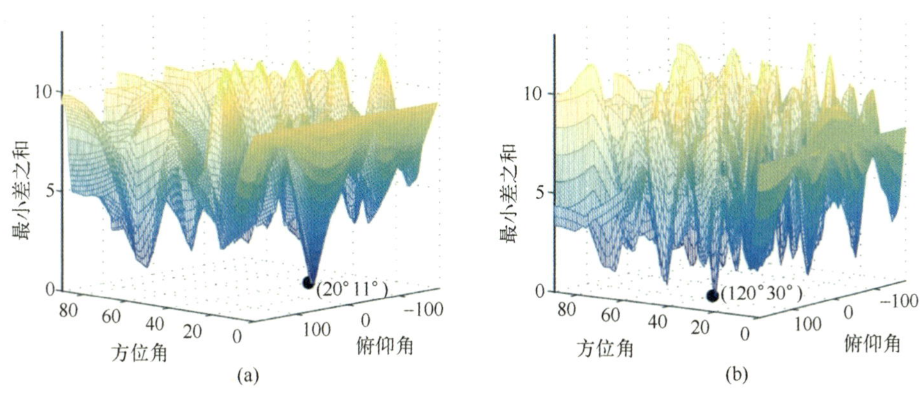

图 2-7 最小差值之和
（a）目标 1；（b）目标 2。

图 2-8 比较了 ATCM 方法和相位算法的目标角度估计结果。对于目标 1 的角度估计来说，其位于非模糊区域内，两种方法都得到了目标的精确位置。但是，对于目标 2 来说，它位于非模糊区域外，相位算法是无效的，而 ATCM 方法能够解决模糊问题并且得到目标的实际角度。

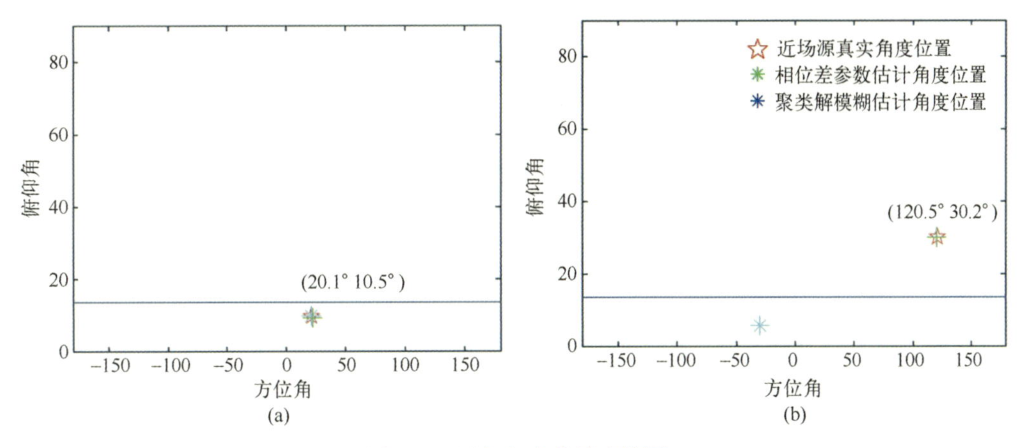

图 2-8 目标角度估计比较图
（a）目标 1；（b）目标 2。

3. ATCM 方法性能分析

首先定义精确估计，即参数估计与实际值之间的差值不超过 1°。用 P_{pe} 描述 ATCM 方法的性能，其定义为 $P_{pe}=(N_{pe}/N_{mo})\cdot 100\%$，代表 ATCM 方法精确估计次数 N_{pe} 与蒙特卡洛实验总次数 N_{mo} 之比。正如已经指出的估计的精确性取决于搜索步长，因此，这里考虑三种不同的目标频率，即 $f=1\text{GHz},2\text{GHz},3\text{GHz}$，这里开展了 300 次蒙特卡洛实验以获得目标角度估计的精度。假设目标分布是随机的，采样频率 $f_s=6\text{GHz}$，采样个数

$N=6000$，接收天线数量 $M=8$，间距 $l=2$，其余实验参数不变。

从图 2-9（a）可见，随着步长的增加，精确度降低，同时，只有当步长小于 0.2 时，不同目标频率下的定位精度才为 100%。但是步长越小，计算量越大。当采用 $\Delta\theta=0.2°$ 和 $\Delta\theta=1°$ 时，ATCM 方法消耗的 CPU 运算时间分别为 0.57s 和 13.61s。同时，还分析了信噪比对估计精度的影响，此时搜索步长固定为 $\Delta\theta=0.2°$，如图 2-9（b）所示。估计精度随着 SNR 的增加而增加，并且 SNR=0 后增加的幅度趋缓。另外，当 SNR 较高时，在不同目标频率下，目标估计精度是可以接受的。

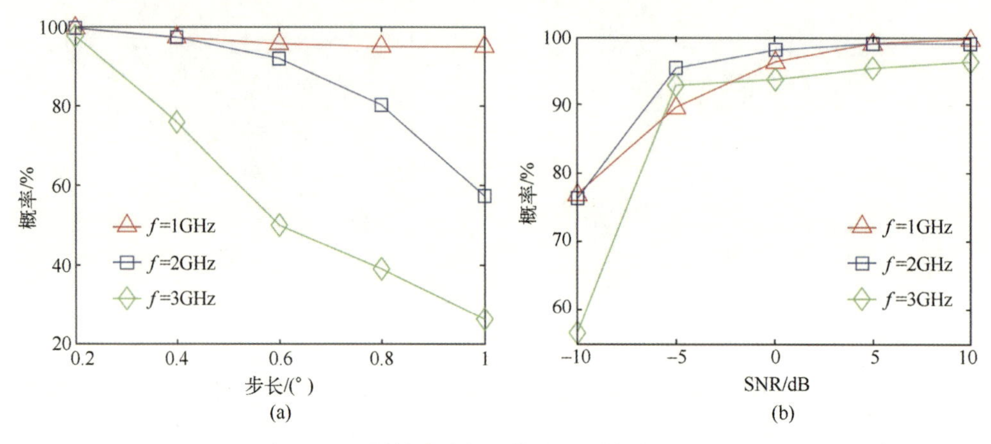

图 2-9　不同搜索步长和信噪比下估计精度对比

（a）搜索步长变化；（b）信号比变化（步长为 0.2°）。

综合以上结果可见，ATCM 方法在估计移动目标状态时需要采用较小搜索步长。但是，对于固定目标状态估计来说，可以采用较大步长搜索来得到非模糊的粗糙角度估计结果，以减少计算机的运算量。

4. 目标三维定位性能分析

利用 ATCM 方法得到的目标角度粗糙估计能够用来解决基于相位算法的模糊性问题。将两种方法相结合可以得到更精确的目标距离和角度估计。本实验采用 300 次蒙特卡洛方法来证明两种方法结合后的良好效果并利用柱状图展示目标参数估计的分布。实验参数与“实验 2-ATCM 的执行效率”相同。

从图 2-10（a）、（b）、（c）可见，目标三维参数估计接近真值并且与真值相同的次数比另一种方法高，其中最大的方位角、俯仰角和距离误差分别为 0.05°、0.01°、0.8m。图 2-10（d）、（e）、（f）中显示了类似的结果。

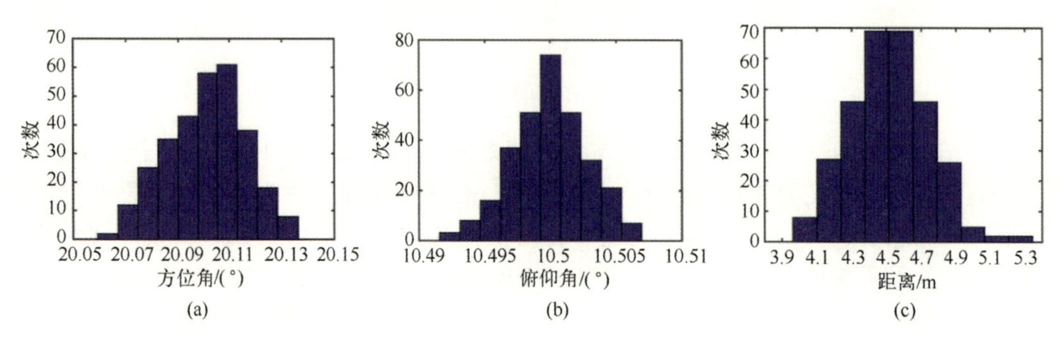

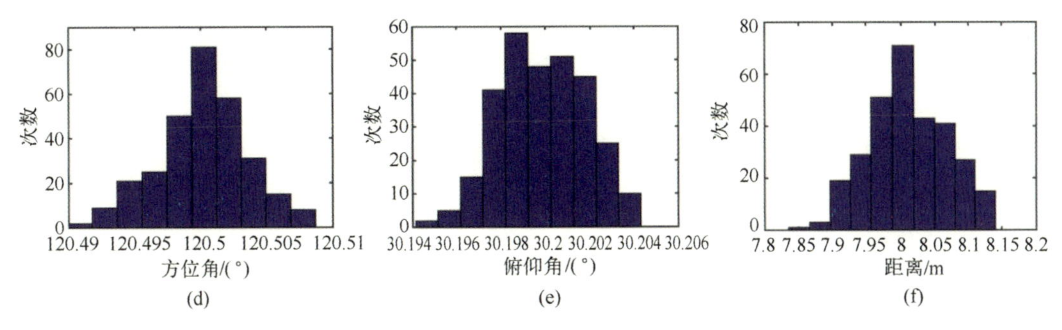

图 2-10 目标三维参数估计直方图分布

通过以上实验可知，设计的方法能够满足模糊和非模糊目标三维状态估计对精度的要求。主要优势有三点：一是分析了相位算法的模糊性问题，给出了模糊情况下的无模糊估计区域，从而为方法的实际应用提供了基础；二是提出了一种新的目标三维定位模糊度解算方法，该方法具有较好的目标定位精度和可接受的计算复杂度；三是该算法不需要改变圆阵列接收天线的相对位置，只需要一次部署即可实现目标的三维定位，因此目标定位更加灵活，可用性更强，实际应用效果好。

2.2 基于多干扰分站信息融合的干扰目标定位方法

2.1 节研究的基于相位的干扰目标快速无模糊定位方法，选用圆阵列天线实现对干扰目标的定位，大幅提升了无模糊估计的空间范围，相比较传统的谱估计方法，在计算效率上有显著优势。但是，圆阵列天线相对来说体积、质量、能耗比较大，便携性和灵活性较差，比较适合车载干扰系统，研究中进一步考虑利用多个干扰分站自带的全向鞭状天线在不同的位置，同时测量干扰目标来完成定位，该方法具有全方位、快速、广泛适用等优点。在研究中，主要针对多干扰分站和多干扰目标的情况，研究基于多干扰分站信息融合的干扰目标定位方法。

2.2.1 问题描述

空地联合分布式通信干扰系统的侦察天线采用的无源被动接收方式决定了系统需要利用多干扰分站纯方向（Bearing Only）信息进行目标状态估计。多干扰分站多干扰目标的快速交叉定位解决的是目标初始状态确定问题，但受无线电传播模型、电磁环境、地形条件以及目标本身运动的影响，利用干扰分站单次观测得到的目标初始状态存在较大的估计误差，因此，需要利用多干扰分站信息融合技术对目标初始状态进行滤波估计，以提高干扰目标定位准确性。另外，采用多干扰分站信息融合方法还能有效提高系统干扰目标定位的可靠性，从而增强整个系统的目标定位效能。

基于多干扰分站信息融合的干扰目标定位方法研究主要有两方面内容。

第一，同一观测时刻的多干扰分站信息融合方法研究。该部分的研究目标是解决相同时刻、不同空间分布的多干扰分站目标状态值融合问题，可以理解为空间多源信息的融合方法研究。

第二，干扰目标（通信台站）运动问题和多观测值问题。在部队组织的通信对抗训练中，干扰目标（通信台站）本身可以按照技战术要求，通过运动来规避干扰。

因此，在以上两方面研究中需考虑干扰目标运动跟踪问题，研究结合干扰目标运动模型的时间、空间多源目标信息融合方法。另外，由于存在多个干扰目标和目标伪观测值（虚假定位点），使得干扰分站在同一时刻可能接收到相同目标的多个观测值，因此需要研究融合过程中的多观测值处理方法。鉴于以上分析，基于多干扰分站信息融合的干扰目标定位方法研究是的研究难点之一。

2.2.2 基于多干扰分站信息的集中式融合方法

由于采用被动式测向交叉定位，仅能提供观测方向值，因此需要两个以上干扰分站或同一干扰分站上两个以上的不同侦搜单元（例如，一台干扰分站上设置两个时域空域相对独立的目标侦搜模块）联合实现目标状态融合，研究采用集中式融合方法，融合框架如图 2-11 所示。各干扰分站将测量数据直接传给融合中心，融合中心对所有数据进行数据预处理、坐标转换、数据对准、预测与目标状态融合。

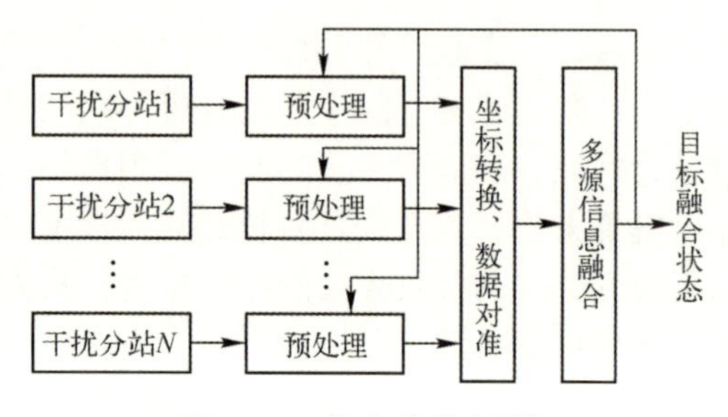

图 2-11 集中式融合框架

在预处理单元，若干扰分站仅得到唯一目标观测值，则直接进入后续处理过程。若干扰分站得到多个目标观测值，则利用概率数据关联方法实现多干扰目标方向观测值的融合，最终得出融合后的干扰目标方向状态。具体过程如下。

假设以下符号表示特定含义：

$\boldsymbol{x}_k$ 表示 k 时刻干扰目标状态的估计值；

$\boldsymbol{p}_k$ 表示 k 时刻干扰目标状态的误差阵；

$\boldsymbol{XO}^k=\{\boldsymbol{XO}_1,\boldsymbol{XO}_2,\cdots,\boldsymbol{XO}_k\}$ 表示截止到 k 时刻，多源信号对干扰目标状态的所有描述值集合；

$\boldsymbol{XO}_k=\{\boldsymbol{xo}_{k,1},\boldsymbol{xo}_{k,2},\cdots,\boldsymbol{xo}_{k,m_k}\}$ 表示在 k 时刻，多源信号对干扰目标状态的描述值集合，其中 $\boldsymbol{xo}_{k,i}$ 为第 k 时刻第 i 个信息源对干扰目标的估计值，m_k 为第 k 时刻落入检验门限范围内的干扰目标状态估计个数，即信息源个数；

$\boldsymbol{PO}_k=\{\boldsymbol{po}_{k,1},\boldsymbol{po}_{k,2},\cdots,\boldsymbol{po}_{k,m_k}\}$ 为 k 时刻对干扰目标状态多源估计状态方差阵；

$\boldsymbol{xf}_k$ 表示在 k 时刻经过 PDA 融合处理后干扰目标状态的估计值；

$\boldsymbol{pf}_k$ 表示在 k 时刻经过 PDA 融合处理后干扰目标状态的误差阵；

基于 PDA 的多源信息融合就是利用 $\boldsymbol{XO}_k$ 和 $\boldsymbol{PO}_k$ 对 $\boldsymbol{x}_k$ 和 $\boldsymbol{p}_k$ 进行加权修正以计算 $\boldsymbol{xf}_k$ 和 $\boldsymbol{pf}_k$。具体处理过程如下。

（1）k 时刻，针对第 i 个信息源 $\boldsymbol{xo}_{k,i}$ 计算量测误差为

$$\boldsymbol{v}_{k,i}=\boldsymbol{xo}_{k,i}-\boldsymbol{x}_k,\quad i=1,2,\cdots,m_k \tag{2.2-1}$$

（2）k 时刻，计算第 i 个信息源对应的系统观测误差阵：

$$\boldsymbol{S}_{k,i}=\boldsymbol{H}_k\boldsymbol{p}_k(\boldsymbol{H}_k)^{\mathrm{T}}+\boldsymbol{po}_{k,i},\quad i=1,2,\cdots,m_k \tag{2.2-2}$$

此时系统的观测阵 $\boldsymbol{H}_k$ 为单位阵，因此式（2.2-2）可写成

$$\boldsymbol{S}_{k,i}=\boldsymbol{p}_k+\boldsymbol{po}_{k,i},\quad i=1,2\cdots,m_k \tag{2.2-3}$$

（3）k 时刻，计算第 i 个信息源对应的残差：

$$\boldsymbol{e}_{k,i}=\exp\left(-\frac{1}{2}\cdot\boldsymbol{v}_{k,i}^{\mathrm{T}}\cdot\boldsymbol{S}_{k,i}^{-1}\cdot\boldsymbol{v}_{k,i}\right),\quad i=1,2,\cdots,m_k \tag{2.2-4}$$

其中 $\boldsymbol{v}_{k,i}$ 由式（2.2-1）计算。

（4）k 时刻，假设对象状态无信号源正确描述事件 θ_k^0 发生的概率为 β_k^0，第 i 个信息源为目标的真实描述事件 θ_k^i 的发生概率为 β_k^i。利用贝叶斯公式有

$$\begin{aligned}\beta_k^i&=P(\theta_k^i\mid\boldsymbol{XO}^k)=P(\theta_k^i\mid\boldsymbol{XO}_k,m_k,\boldsymbol{XO}^{k-1})\\&=\frac{1}{C}P(\boldsymbol{XO}_k\mid\theta_k^i,m_k,\boldsymbol{XO}^{k-1})P(m_k\mid\theta_k^i,\boldsymbol{XO}^{k-1})P(\theta_k^i\mid\boldsymbol{XO}^{k-1}),\quad i=0,1,\cdots,m_k\end{aligned} \tag{2.2-5}$$

其中

$$C=\sum_{i=0}^{m_k}P(\boldsymbol{XO}_k\mid\theta_k^i,m_k,\boldsymbol{XO}^{k-1})P(m_k\mid\theta_k^i,\boldsymbol{XO}^{k-1})P(\theta_k^i\mid\boldsymbol{XO}^{k-1}) \tag{2.2-6}$$

首先，假设信号源不正确的发生概率满足均匀分布，当 $i=0$ 时，说明所有通过检测门的信号源均不是目标的正确描述，此时有

$$P(\boldsymbol{XO}_k\mid\theta_k^0,m_k,\boldsymbol{XO}^{k-1})=\prod_{i=1}^{m_k}P(\boldsymbol{xo}_{k,i}\mid\theta_k^0,m_k,\boldsymbol{XO}^{k-1})=\prod_{i=1}^{m_k}V_{k,i}^{-1} \tag{2.2-7}$$

其中 $V_{k,i}$ 为第 i 个信息源对应的检验门体积（由于不同信号源不确定范围不同造成了检验门体积 $V_{k,i}$ 也不同）。

对应地，对于 $i=1,2,\cdots,m_k$ 的不同情况，有

$$\begin{aligned}P(\boldsymbol{XO}_k\mid\theta_k^{i=1,2,\cdots,m_k},m_k,\boldsymbol{XO}^{k-1})&=P(\boldsymbol{xo}_{k,i}\mid\theta_k^i,m_k,\boldsymbol{XO}^{k-1})\prod_{j=1,j\neq i}^{m_k}P(\boldsymbol{xo}_{k,i}\mid\theta_k^i,m_k,\boldsymbol{XO}^{k-1})\\&=f_k(\boldsymbol{xo}_{k,i})\left(\prod_{i=1}^{m_k}V_{k,i}^{-1}\right)\end{aligned} \tag{2.2-8}$$

其中 $f_k(\boldsymbol{xo}_{k,j})=\mathrm{PG}^{-1}(2\pi)^{-n_o/2}\left|\boldsymbol{S}_{k,i}\right|^{-1/2}\boldsymbol{e}_{k,i}$（$n_o$ 为信号源维数，PG 表示信号源在检测门限内的概率）。

其次，从历史观测来看，没有信号源是对象的正确描述发生概率 $P(\theta_k^0\mid\boldsymbol{XO}^{k-1})$ 可表示为

$$P(\theta_k^0\mid\boldsymbol{XO}^{k-1})=(1-\mathrm{PG})+\mathrm{PG}(1-\mathrm{PD}) \tag{2.2-9}$$

其中 PD 表示信号源在检测门限内但其为伪值的概率。

对应地，对于 $i=1,2,\cdots,m_k$ 的不同情况，有

$$P(\theta_k^{i=1,2,\cdots,m_k}\mid\boldsymbol{XO}^{k-1})=\frac{1-P(\theta_k^{i=0})\mid\boldsymbol{XO}^{k-1}}{m_k}=\frac{\mathrm{PG}\cdot\mathrm{PD}}{m_k} \tag{2.2-10}$$

另外，可以认为 $P(m_k\mid\theta_k^{i=0,1,\cdots,m_k},\boldsymbol{XO}^{k-1})=\mathrm{A}$ 为恒值。

综合以上分析，可以计算式（2.2-5）如下：

$$\beta_k^0=\frac{b_k}{b_k+\sum_{j=1}^{m_k}\boldsymbol{f}_{k,j}} \tag{2.2-11}$$

其中

$$b_k=\frac{m_k}{\mathrm{PD}}\cdot((1-\mathrm{PG})+\mathrm{PG}(1-\mathrm{PD}))(2\pi)^{n_o/2}=(2\pi)^{n_o/2}\frac{m_k}{\mathrm{PD}}(1-\mathrm{PG}\cdot\mathrm{PD}) \tag{2.2-12}$$

而

$$\beta_k^i = \frac{f_{k,j}}{b_k + \sum_{j=1}^{m_k} f_{k,j}}, \quad j = 1,2,\cdots,m_k \tag{2.2-13}$$

其中

$$f_{k,j} = |S_{k,j}|^{-1/2} \cdot e_{k,j} \cdot V_{k,j} \tag{2.2-14}$$

（1）k 时刻，第 i 个信息源对应的卡尔曼增益阵

$$K_{k,i} = p_k \cdot (H_k)^{\mathrm{T}} \cdot (S_{k,i})^{-1} = p_k \cdot (S_{k,i})^{-1}, \quad i = 1,2,\cdots,m_k \tag{2.2-15}$$

（2）此时，目标状态融合值

$$xf_k = x_k + \sum_{i=1}^{m_k} (\beta_k^i \cdot K_{k,i} \cdot z_{k,i}) \tag{2.2-16}$$

（3）此时，目标状态方差阵融合值

$$pf_k = \beta_k^0 \cdot p_k + (1 - \beta_k^0) \cdot p_k^c + \bar{p}_k \tag{2.2-17}$$

其中

$$p_k^c = p - \sum_{i=1}^{m_k} \beta_k^i \cdot K_{k,i} \cdot S_{k,i} \cdot (K_{k,i})^{\mathrm{T}} \tag{2.2-18}$$

$$\bar{p}_k = \left(\sum_{i=1}^{m_k} \beta_k^i \cdot (K_{k,i} \cdot z_{k,i}) \cdot (K_{k,i} \cdot z_{k,i})^{\mathrm{T}}\right) - \left(\sum_{i=1}^{m_k} \beta_k^i \cdot K_{k,i} \cdot z_{k,i}\right) \cdot \left(\sum_{i=1}^{m_k} \beta_k^i \cdot K_{k,i} \cdot z_{k,j}\right)^{\mathrm{T}} \tag{2.2-19}$$

在坐标转换和数据对准环节实现所有干扰分站观测值的一致性描述，为后续的基于集中式卡尔曼融合方法进行数据准备。由于各干扰分站位置已知（可通过 GPS 定位，利用组网通信功能，上报至控制主站），可利用状态转换方程直接完成。

采用卡尔曼滤波完成干扰目标状态融合估计。利用所有干扰分站的目标观测值构成观测向量，对干扰目标状态进行基于卡尔曼滤波框架的状态融合，具体处理过程如下。

设目标状态模型为

$$X_{k|k}^{\mathrm{t}} = f(X_{k|k-1}^{\mathrm{t}}) \tag{2.2-20}$$

若假设干扰目标静止，则 $X_{k|k}^{\mathrm{t}} = X_{k|k-1}^{\mathrm{t}}$，若干扰目标运动可以采用维纳模型描述，$P_k^{\mathrm{t}}$ 为干扰目标状态对应的协方差阵。

设干扰目标观测模型为

$$Z_k^{\mathrm{t}} = h(X_k^{\mathrm{t}}) \tag{2.2-21}$$

其中 Z_k^{t} 由 k 时刻所有观测站观测值组成。则融合后的特征状态和方差为

$$X_k^{\mathrm{t}} = X_{k|k-1}^{\mathrm{t}} + K_k \cdot v_k \tag{2.2-22}$$

$$P_k^{\mathrm{t}} = P_{k|k-1}^{\mathrm{t}} - K_k \cdot S_{k|k-1} \cdot (K_k)^{\mathrm{T}} \tag{2.2-23}$$

2.2.3 仿真实验及分析

下面通过实验分别验证信号源方差和距离对 PDA 融合结果的影响。

1. 信号源方差大小对融合结果的作用

假设 $x = 25$，$px = 30^2$；$xo_1 = 0$，$xo_2 = 10$，$po_1 = po_2 = \{5^2, 10^2, \cdots, 60^2\}$。该过程假设原始对象状态和方差保持不变，两个信息源的状态保持不变，而方差从开始 5^2 以 5 为步进值逐渐增加到 60^2。其他参数分别为 PG=0.9，PD=0.9，图 2-12 显示了相应的融

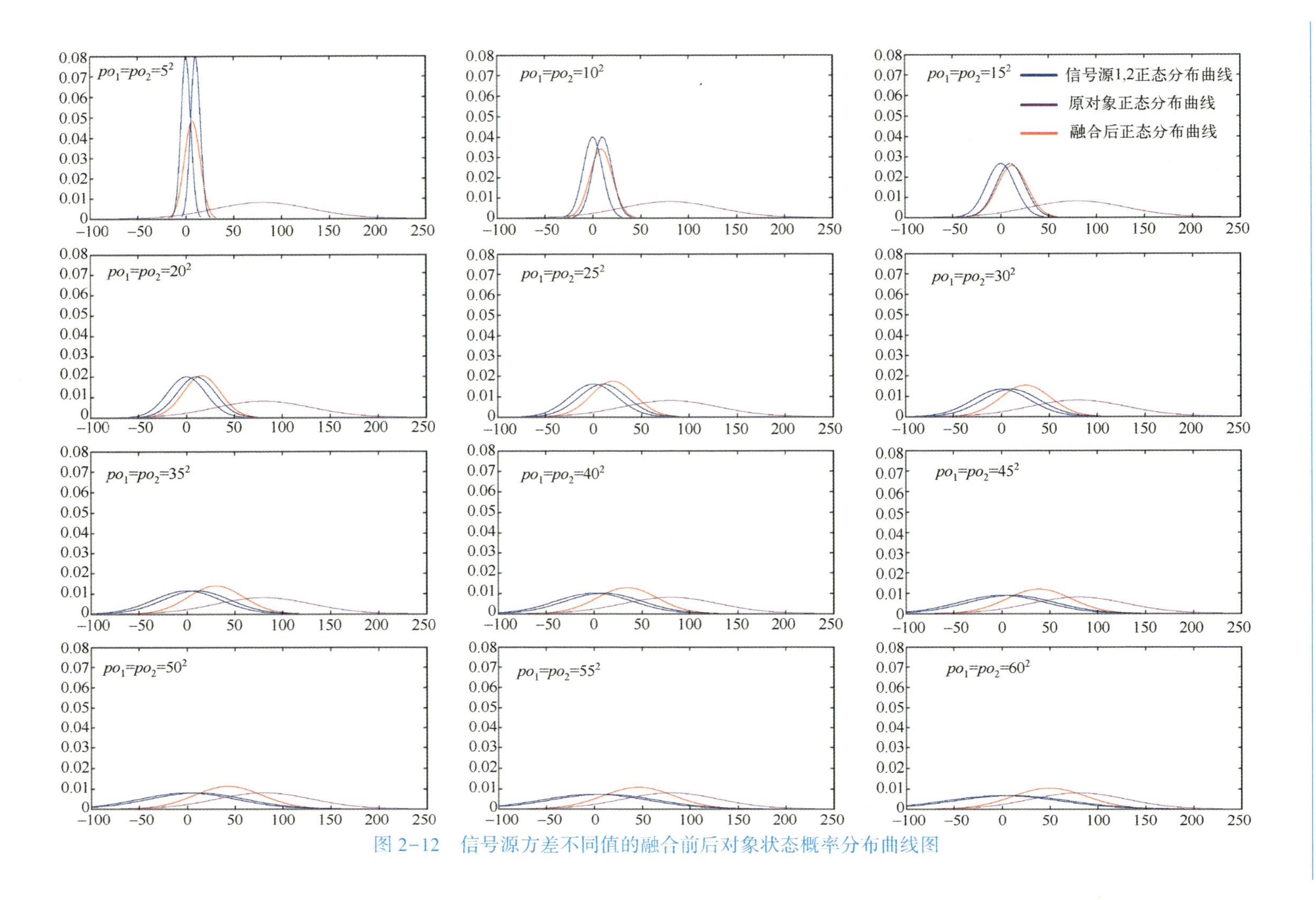

图 2-12　信号源方差不同值的融合前后对象状态概率分布曲线图

合结果。其中蓝色曲线为信息源 1 和 2 对应状态的正态曲线，洋红曲线为原对象状态的正态曲线，红色曲线为 PDA 融合后对象状态的正态曲线。从图 2-12 可知，随着 po_1，po_2 值逐步增大，$\boldsymbol{xo}_1$，$\boldsymbol{xo}_2$ 对融合的作用逐步减弱，表现在 $\boldsymbol{xf}$ 逐步向 $\boldsymbol{x}$ 靠近，而 $\boldsymbol{pf}$ 和 $\boldsymbol{px}$ 的值也逐步接近。

为了进一步说明多信号源方差对融合结果的作用，下面将信号源分别取如下 120 个值：$po_1=po_2=\{5^2,10^2,\cdots,600^2\}$，其他条件保持不变，并记录每次对象融合状态和方差与原状态和方差之间的差异值（即 $|xf-x|$ 和 $|px-pf|$）。差异值的变化曲线如图 2-13 所示。其中红色带圆圈曲线为状态差异曲线，蓝色带星号曲线为方差差异曲线，从该图可知，当信号源方差从 5^2 逐步增大到 600^2 时，和 $|px-pf|$ 逐步趋于 0，说明随着信号源方差的增大，其不确定度逐步增大，因此信号源对原对象状态和方差的作用程度逐步减小。以上实验证明，在 PDA 融合算法中，信号源状态方差大小与其对融合结果的贡献程度成反比关系。

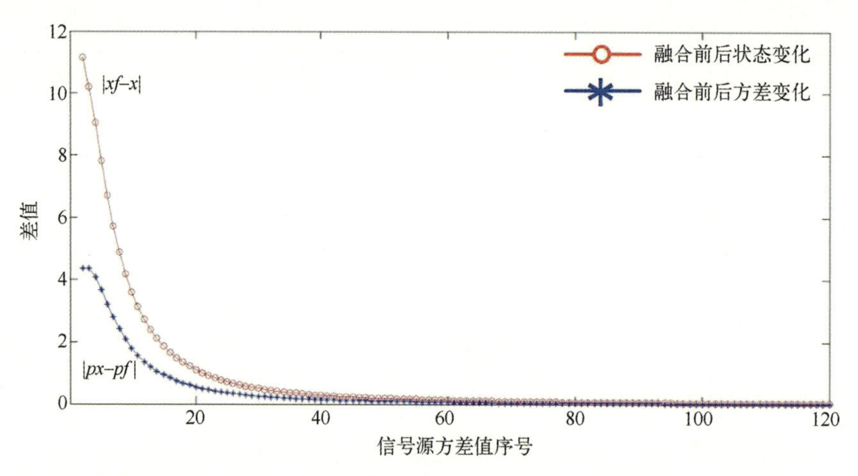

图 2-13　信号源方差变化对融合结果影响曲线

2. 信号源距离对融合结果的作用

（1）假设原对象状态 x 依次取 10,20,⋯，120 共 12 个不同值，其方差 $px=10^2$ 保持不变。信号源 1、2 的状态分别为 $xo_1=0$，$xo_2=10$，它们的方差为 $po_1=po_2=10^2$，分布参数保持不变。融合结果如图 2-14 所示。

其中蓝色曲线为信号源 1、2 对象状态 xo_1，xo_2 的概率分布曲线，洋红色曲线为原对象状态 x 的概率分布曲线，红色曲线为融合后对象状态 xf 的概率分布曲线。从图 2-14 中可见，随着 xo_1，xo_2 逐步远离 x，融合结果 xf 首先受 xo_1，xo_2 影响被拉离 x，之后由于 xo_1，xo_2 逐步远离 x，它们对融合的作用逐步减小，xf 又重新靠近 x。

（2）为了进一步分析信号源与原信号距离对融合结果的作用，下面分析在原对象方差 px 小于、等于、大于信号源对象方差 po_1，po_2 三种情况时，信号源与原信号距离对融合结果的影响。在三种情况下，px，po_1，po_2 的取值分别为 $px(10^2)<po_1$，$po_2(20^2)$、$px(20^2)=po_1$，$po_2(20^2)$、$px(30^2)>po_1$，$po_2(20^2)$。而信号源 1、2 的状态在融合过程中一直为 $xo_1=0$，$xo_2=10$，原对象状态 x 依次取 10,15,⋯，200 共 39 个不同值，绘制在三种不同情况下，不同 x 值对应不同 $xf-x$ 和 $px-pf$ 的变化曲线，如图 2-15 所示。

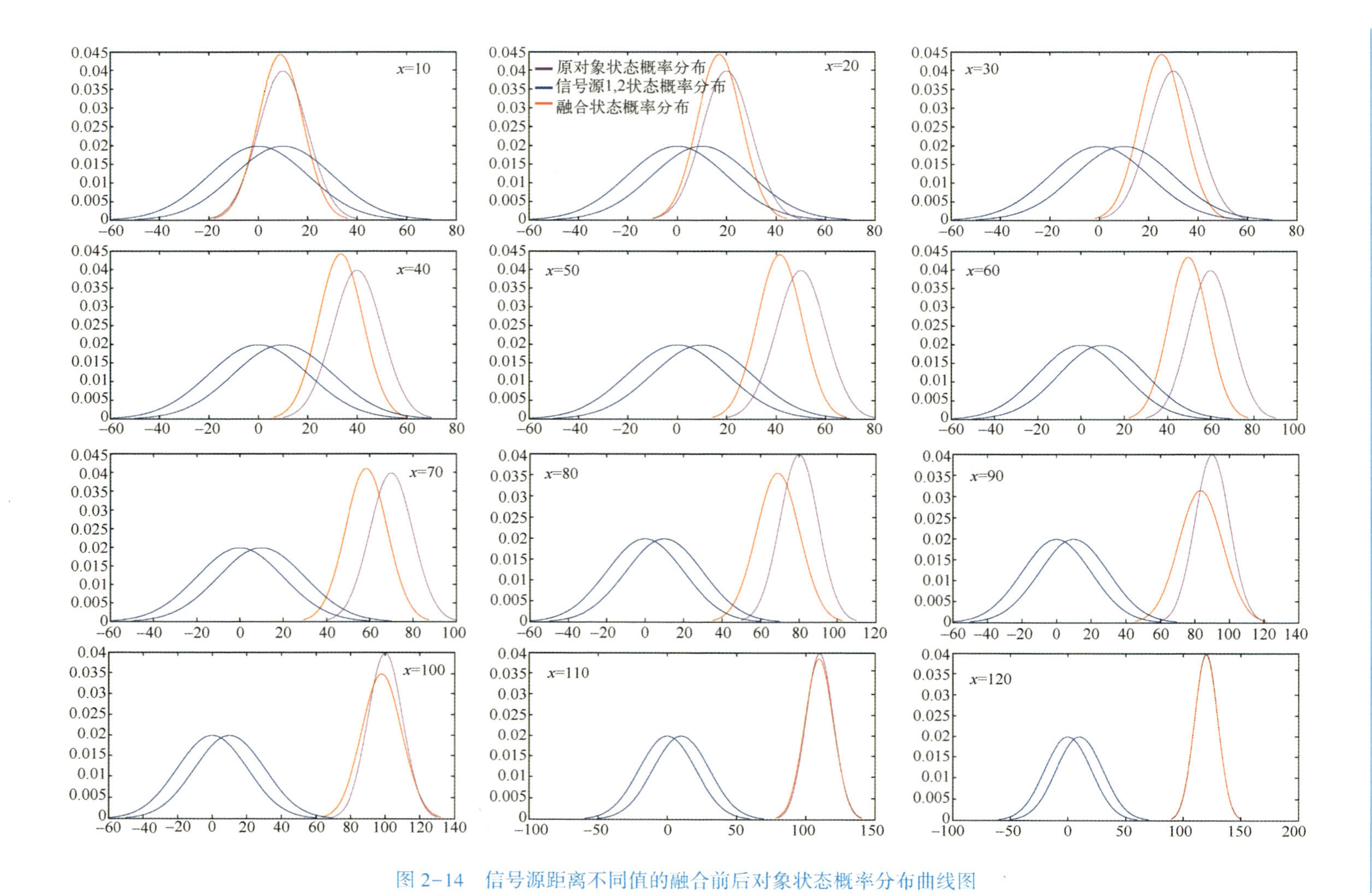

图2-14　信号源距离不同值的融合前后对象状态概率分布曲线图

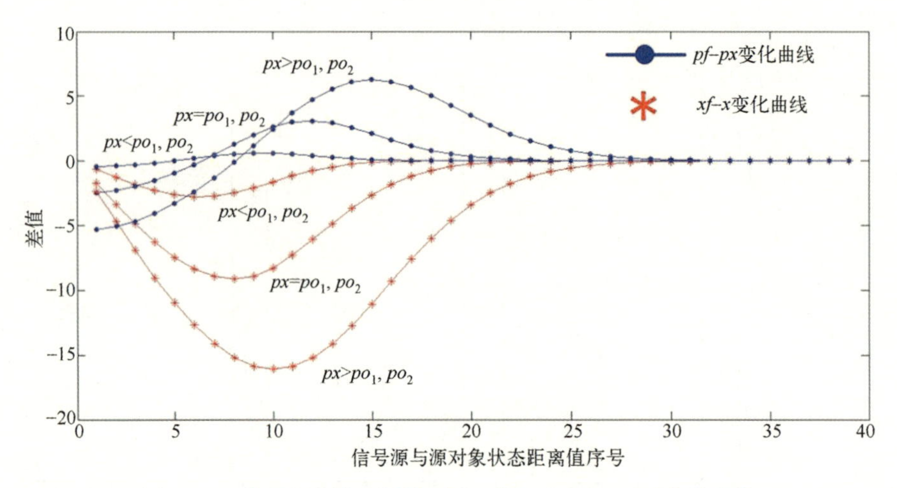

图 2-15　信号源距离不同值对应不同 $xf-x$ 和 $px-pf$ 变化曲线

图 2-15 中红色带星号的曲线表示不同信号源距离对应的 $xf-x$ 值变化曲线，蓝色带圆点曲线表示不同信号源距离对应的 $px-pf$ 值变化曲线。从该图可见，在信号源 xo_1，xo_2 逐步远离原对象状态 x 的过程中，融合结果 xf 和 pf 首先远离原对象状态参数 x 和 p，当 xo_1，xo_2 距离 x 足够远时，信号源 xo_1，xo_2 对融合的作用逐步减弱，因此 xf 和 pf 又开始逐步靠近原对象状态参数 x 和 p，直至相等为止。进一步分析三种情况下 $xf-x$ 和 $pf-px$ 达到极值时的信号距离可知，原对象状态方差 px 越大，$xf-x$ 和 $pf-px$ 达到极值的信号距离越大，这说明 px 越大，信号源对融合的作用距离越长，作用效果越明显，这一点可以这样理解：px 越大说明原对象状态不确定性越大，因此它在融合过程中相比于多信号源的作用越小。

第 3 章　多制式干扰信号生成技术

空地联合分布式通信干扰系统需产生多路不同频段、不同干扰模式、不同信号样式的干扰信号。本章首先通过系统模块化体系架构设计思想阐述干扰信号生成的基本原理；然后对干扰信号特征参数进行建模分析；最后在建模基础上，重点介绍调制信号源生成。

3.1　干扰信号生成基本原理

空地联合分布式通信干扰系统是一个复杂的系统，具有覆盖频域宽，集侦测与干扰于一体等显著特点，经过分解，可以使用多台干扰机覆盖全频段，或者使用一台干扰机集成多个功放覆盖全频段，如图 3-1 所示。

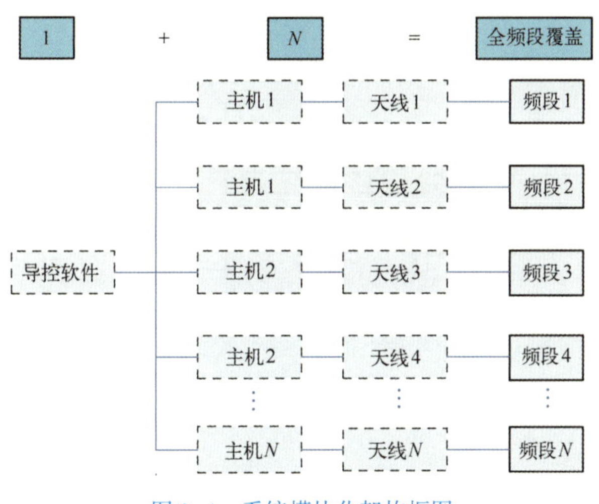

图 3-1　系统模块化架构框图

其中，导控软件对每一台干扰机的干扰频率、干扰调制方式、干扰信号形式和干扰功能等进行配置，同时可以对无线电频谱进行实时数据采集、分析和多维度频谱状态显示，并能根据导控指令实现全域组合式干扰。

具体到单台干扰机，其产生的干扰信号一般包括单频正弦波、调幅、调频、BPSK、QPSK、直接扩频、跳频等干扰类型。从信号产生的过程来看，各种调制类型的信号简单说就是用模拟信号源或数字信号源对载波的幅度、相位或频率进行改变。而通过 FPGA 实现直接数字式频率合成器（DDS），可以很方便地对其产生的信号进行调频、调幅和调相。单台干扰机单路干扰信号产生原理如图 3-2 所示，多台干扰机多路干扰信号产生原理如图 3-3 所示。

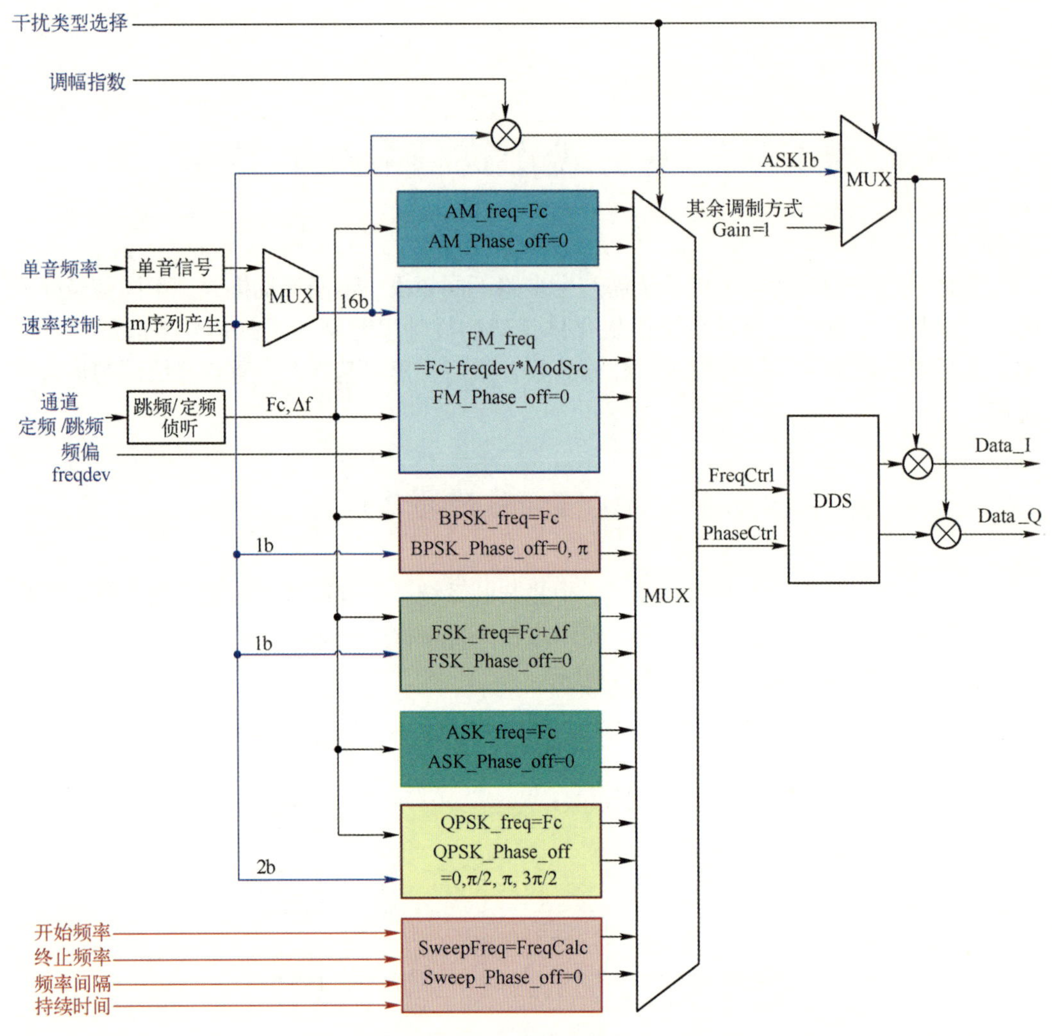

图 3-2　单台干扰机单路干扰信号产生原理

图 3-3 中定频频率计算模块、扫频频率计算模块、跳频频率计算模块分别负责三种干扰模式的产生。

(1) 定频模式：通过软件改变 DDS 的频率控制字，即可以产生所需要的单路和多路干扰信号。

(2) 扫频模式：扫频干扰信号的信号类型和定频干扰类似，所不同的是其干扰信号在一定频带内依次循环出现。扫频模式下频点计算的状态机设计如图 3-4 所示。

各状态说明如下：

IDLE：上电后进入此状态，在 IDLE 状态，如果检测到扫频启动命令则进入 START 状态。

START：此状态表示在收到扫频启动命令后先载入扫频模式的起始频点数据，当持续时间达到扫频间隔时，进入下一状态 INCR。

INCR：表示持续进行频点计算的状态，当时间计数器达到扫频间隔时间时，如果当前计算得到的频点超过了扫频的上边界限制，则转到 UPPER 状态。

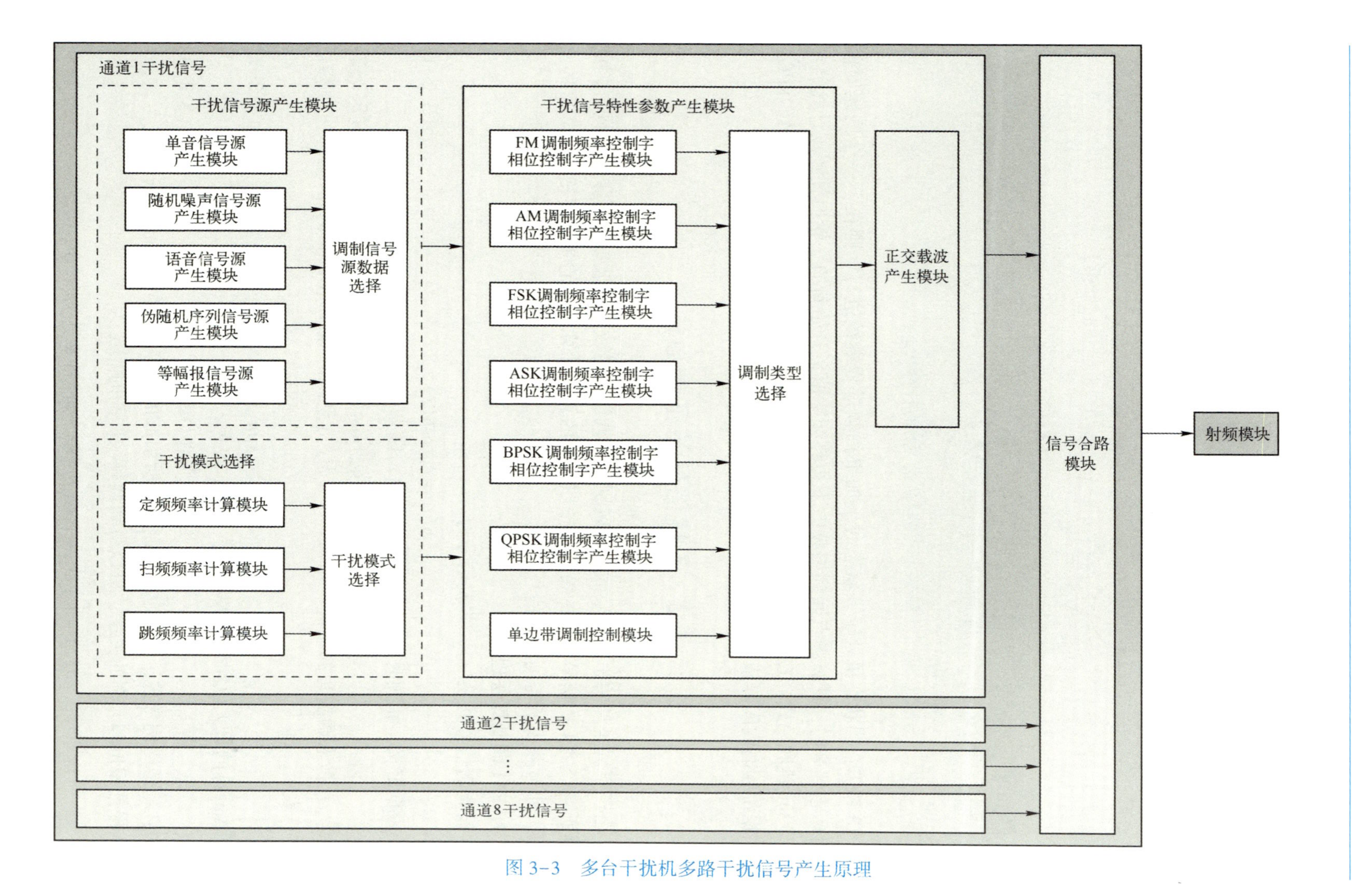

图 3-3　多台干扰机多路干扰信号产生原理

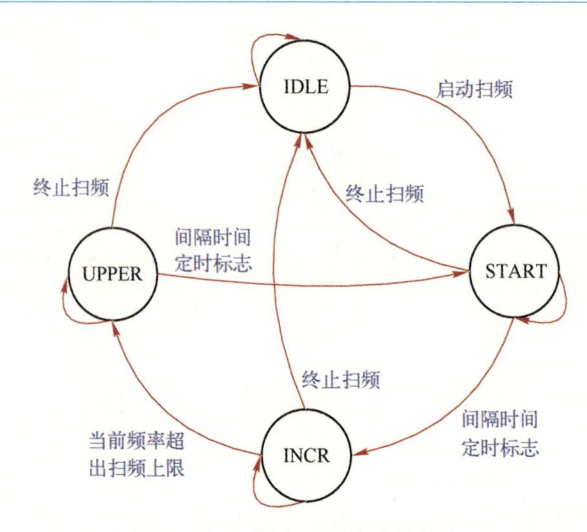

图 3-4　扫频模式下频点计算状态机

UPPER：当状态机处于该状态时，如果扫频过程继续进行，则在下一个间隔时间定时标志到来时，计算频点回到扫频的下边界频率值，开始新的一轮扫频频点计算。

（3）跳频模式：在跳频模式下，跳频频点的数据事先由软件写进缓存 RAM，FPGA 再根据跳频时间间隔依次读取 RAM 里的数据作为当前的中心频率。

3.2　干扰信号特征参数构建

由于不同类型的干扰信号的本质区别在于调制信号改变载波参量对象的不同，因此根据所需产生干扰信号类型的特点，按照对应的算法计算载波的频率、相位、幅度的改变量，即可获得所需的已调信号。

1. FM 调制算法理论

设调制信号为 $m(t)$，载波信号为

$$S(t)=A_0\cos\theta(t) \tag{3.2-1}$$

根据定义，调频时载波的瞬时频率 $\omega(t)$ 随调制信号 $m(t)$ 呈线形变化，即

$$\omega(t)=\omega_c+k_f m(t) \tag{3.2-2}$$

式中：ω_c 是未调制时的载波中心频率；$k_f m(t)$ 是瞬时频率相对于 ω_0 的偏移，频移以 $\Delta\omega(t)$ 表示，即

$$\Delta\omega(t)=k_f m(t) \tag{3.2-3}$$

$\Delta\omega(t)$ 的最大值叫作最大频移，以 $\Delta\omega$ 表示，即

$$\Delta\omega=k_f|m(t)|_{\max} \tag{3.2-4}$$

式中：k_f 是比例常数，表示单位调制信号所引起的频移，单位是 rad/s · v。

根据相位和频率的关系，可以得到调频波的瞬时相位为

$$\theta(t)=\int_0^t[\omega_c+k_f m(t)]\mathrm{d}t=\omega_c t+k_f\int_0^t m(t)\mathrm{d}t \tag{3.2-5}$$

式中：设积分常数 $\theta_0=0$。将上式代入式 $S(t)=A_0\cos\theta(t)$，得

$$S_{\mathrm{fm}}(t)=A_0\cos\left[\omega_c+k_f\int_0^t m(t)\,\mathrm{d}t\right] \tag{3.2-6}$$

这就是由 $m(t)$ 调制的调频波的数学表达式。

已调频信号的时域波形和频谱特性分别如图 3-5 和图 3-6 所示。

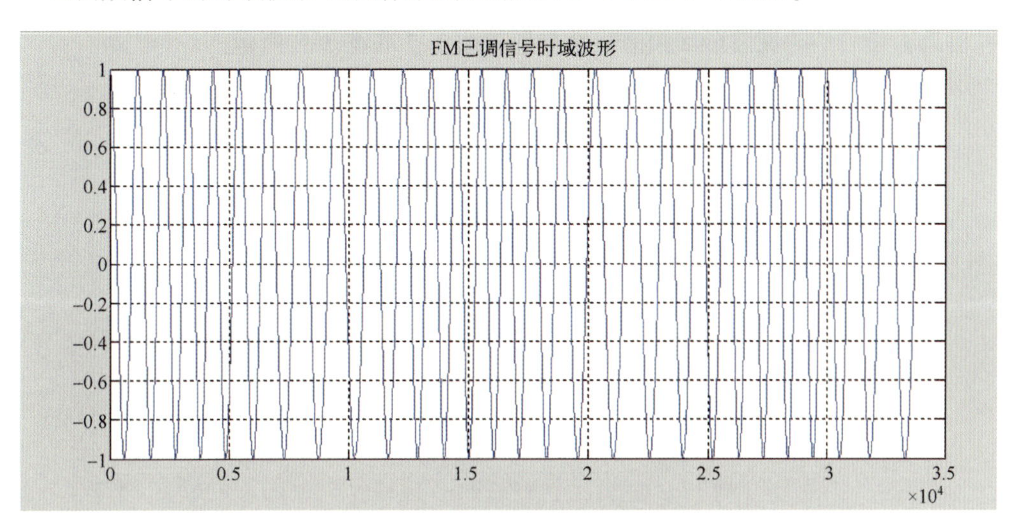

图 3-5　FM 已调信号时域波形

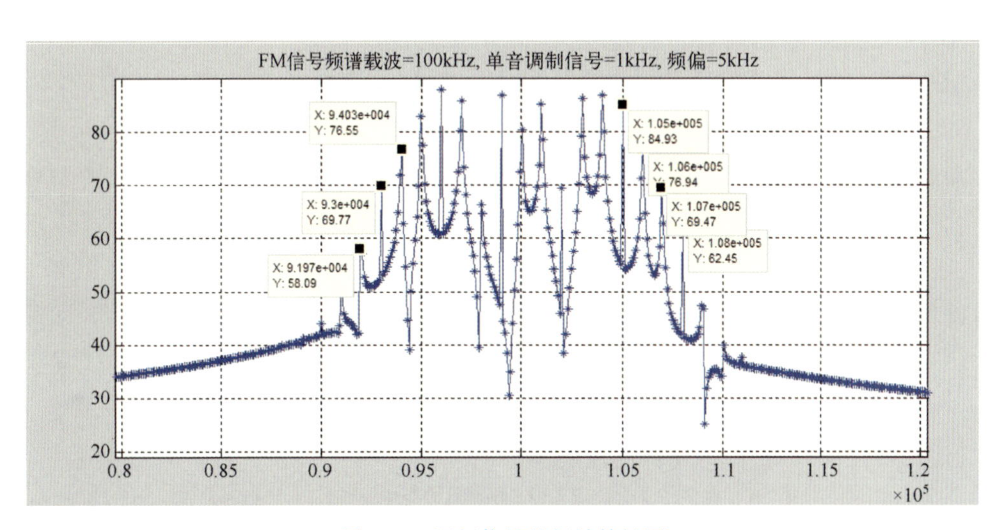

图 3-6　调频信号的频域特性图

2. AM 幅度调制

式（3.2-7）所示为简谐振荡，其表达式为

$$V_\Omega(t)=V_\Omega\cos\Omega t \tag{3.2-7}$$

如果用它对载波信号 $S(t)=A_c\cos\omega_c t$ 进行调幅，那么已调波的振幅为

$$A(t)=A_c+k_a V_\Omega\cos\Omega t \tag{3.2-8}$$

因此已调波可以用下式表示：

$$S_{\mathrm{am}}(t)=A(t)\cos\omega_c t=(A_c+k_a V_\Omega\cos\Omega t)\cos\omega_c t \tag{3.2-9}$$

式中：$m_a=k_a V_\Omega/A_c$ 做调幅指数或调幅度，范围为 0（未调幅）~1（百分百调幅）。将

式（3.2-9）展开可得

$$
\begin{aligned}
S_{am}(t) &= A_c\cos\omega_c t + m_a A_c\cos\Omega t\cos\omega_c t \\
&= A_c\cos\omega_c t + \frac{1}{2}m_a A_c\cos(\omega_c+\Omega)t + \frac{1}{2}m_a A_c\cos(\omega_c-\Omega)t
\end{aligned}
\tag{3.2-10}
$$

已调幅信号的时域波形和频谱特性分别如图 3-7 和图 3-8 所示。

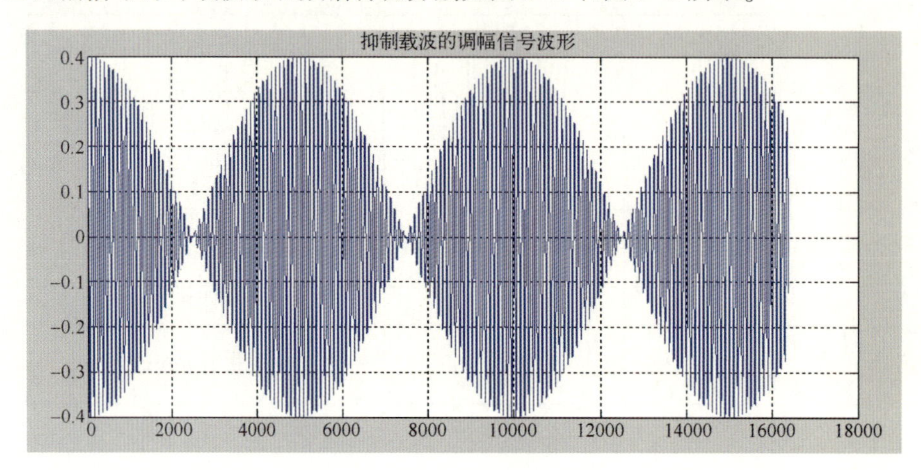

图 3-7　调幅信号的时域波形图

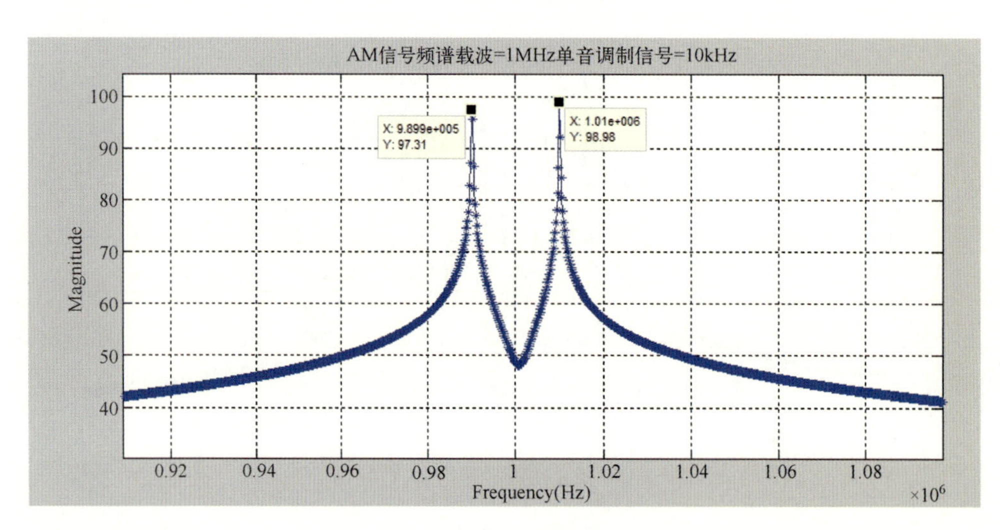

图 3-8　调幅信号的频域特性图

3. 单边带调制

从 AM 幅度调制过程可以看出，最终的调幅信号会包含载波、上边带和下边带的信号分量。在实际运用中，为了提高频谱利用率和节省发送功率，可以采用单边带调制的方式，其实现原理如图 3-9 所示。

设调制信号为正交的两路信号：$V_\Omega\cos\Omega t$ 和 $V_\Omega\sin\Omega t$。分别对正交的两路载波进行调幅，得

$$
v_1(t) = V_\Omega\cos\Omega t\cos\omega_c t = \frac{1}{2}V_\Omega[\cos(\omega_c-\Omega)t + \cos(\omega_c+\Omega)t] \tag{3.2-11}
$$

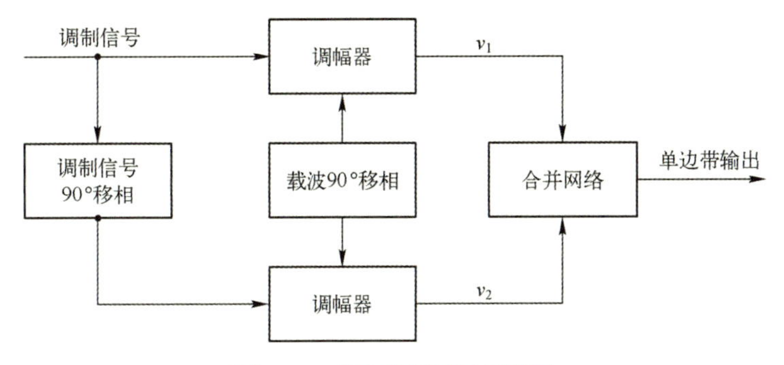

图 3-9　单边带调制原理框图

$$v_2(t)=V_\Omega \sin\Omega t \sin\omega_c t=\frac{1}{2}V_\Omega[\cos(\omega_c-\Omega)t-\cos(\omega_c+\Omega)t] \tag{3.2-12}$$

上边带信号为

$$V_{USB}=v_1(t)-v_2(t)=V_\Omega \cos(\omega_c+\Omega)t \tag{3.2-13}$$

下边带信号为

$$V_{LSB}=v_1(t)+v_2(t)=V_\Omega \cos(\omega_c-\Omega)t \tag{3.2-14}$$

已调制信号上下边带频谱特性分别如图 3-10 和图 3-11 所示。

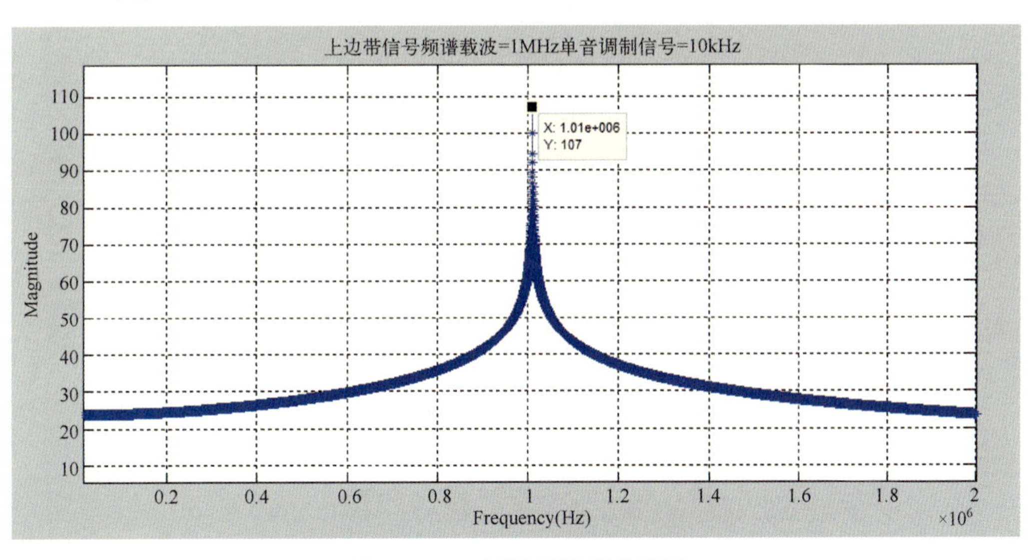

图 3-10　上边带调制频域特性图

4. ASK 调制

在振幅键控（ASK）调制中，由数字脉冲序列对载波进行振幅调制。

设未调制的载波表达式为

$$S(t)=A_c\cos\omega_c t \tag{3.2-15}$$

数字脉冲序列为

$$m(n)=\sum_n a_n g(t-nT_s) \tag{3.2-16}$$

因此 ASK 的已调波表达式为

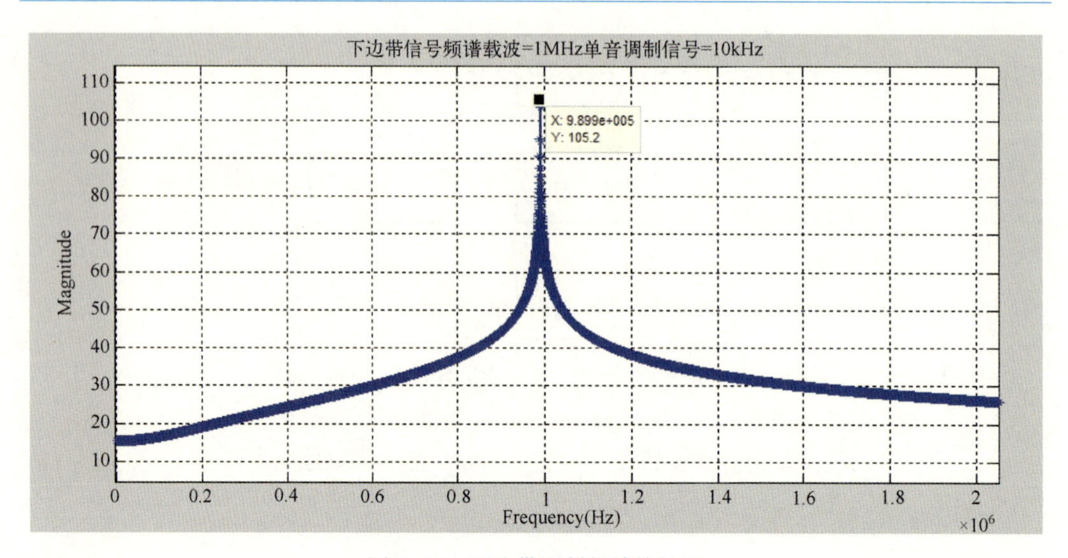

图 3-11　下边带调制频域特性图

$$S_{\mathrm{ASK}}(t)=m(n)S(t)=\left[\sum_{n}a_{n}g(t-nT_{s})\right]A_{c}\cos\omega_{c}t \tag{3.2-17}$$

已调制信号频谱特性如图 3-12 所示。

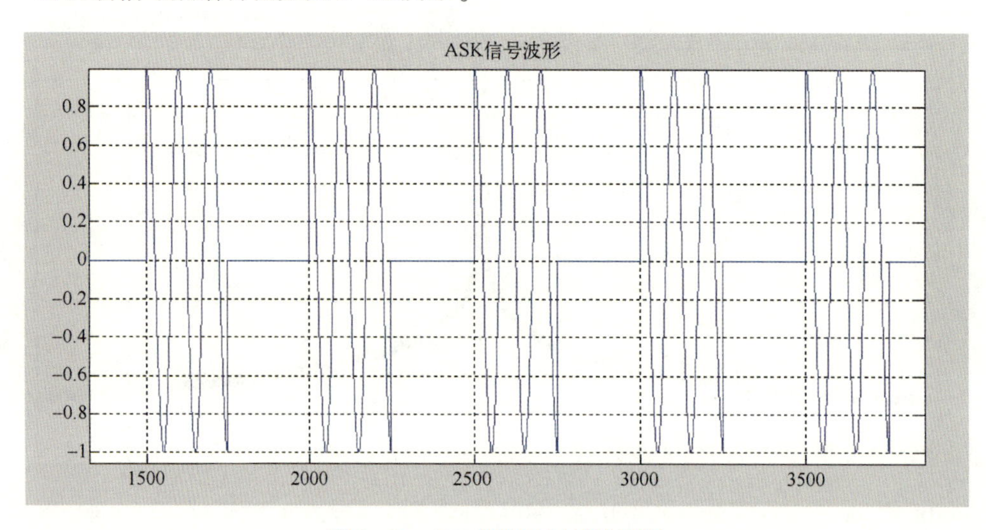

图 3-12　ASK 调制的时域波形图

5. FSK 调制

在移频键控（FSK）调制中，由数字脉冲序列对载波频率进行调制，并且根据数字序列的值在预先设置的两个频点中进行选择。

设未调制的载波表达式为

$$S(t)=A_{c}\cos(2\pi f_{c}t) \tag{3.2-18}$$

数字脉冲序列为

$$m(n)=\sum_{n}a_{n}g(t-nT_{s}) \tag{3.2-19}$$

因此 FSK 已调波信号表达式为

$$S_{FSK}(t)=\left[\sum_n a_n g(t-T_s)\right]A_c\cos\omega_1 t+\left[\sum_n \overline{a_n} g(t-T_s)\right]A_c\cos\omega_2 t \quad (3.2-20)$$

$$S_{FSK}(t)=\begin{cases}A_c\cos 2\pi(f_c+\Delta f)t, & a_n=1\\ A_c\cos 2\pi(f_c-\Delta f)t, & a_n=0\end{cases} \quad (3.2-21)$$

6. BPSK 调制

在二相移相键控（BPSK）调制中，由数字脉冲序列对载波的相位进行调制。设未调制载波信号为 $S=A\cos\omega_c t$，1 状态时，载波相移为 0；0 状态时，载波相移为 180°。

BPSK 已调波信号可表示为

$$S_{BPSK}(t)=\left[\sum_n a_n g(t-T_s)\right]A\cos\omega_c t+\left[\sum_n \overline{a_n} g(t-T_s)\right]A\cos(\omega_c t+\pi) \quad (3.2-22)$$

$$S_{BPSK}(t)=A_c\sum_n a_n g(t-T_s)\cos\omega_c t=\begin{cases}A_c\cos\omega_c t, & a_n=1\\ A_c\cos(\omega_c t+\pi), & a_n=0\end{cases} \quad (3.2-23)$$

7. QPSK 调制

在四相移相键控（QPSK）调制中，由数字脉冲序列对载波的相位进行调制，载波的相位有四种状态，四相调制波形可以表示为

$$\begin{aligned}S_{QPSK}(t)=&\left[\sum_n \overline{a_n a_{n-1}} g(t-T_s)\right]\cdot A\cos\omega_c t+\left[\sum_n \overline{a_n a_{n-1}} g(t-T_s)\right]\cdot A\cos\left(\omega_c t+\frac{\pi}{2}\right)\\&+\left[\sum_n \overline{a_n a_{n-1}} g(t-T_s)\right]\cdot A\cos(\omega_c t+\pi)+\left[\sum_n \overline{a_n a_{n-1}} g(t-T_s)\right]\cdot A\cos\left(\omega_c t+\frac{3\pi}{2}\right)\end{aligned} \quad (3.2-24)$$

从以上各种调制信号的产生原理可以看出，通过对载波的频率、幅度、相位分别进行调制，可以得到不同类型的调制信号，如表 3-1 所示。

表 3-1　调制前后载波参量变化

信号类型	幅　度	频　率	相　位
未调制载波	A_c	ω_c	φ_c
AM	$A_c m(t)$	ω_c	φ_c
FM	A_c	$\omega_c+k_f m(t)$	φ_c
ASK	$0:a_n=0$ $A:a_n=1$	ω_c	φ_c
FSK	A_c	$\omega_1:a_n=0$ $\omega_2:a_n=1$	φ_c
BPSK	A_c	ω_c	$0:a_n=0$ $\frac{\pi}{2}:a_n=1$
QPSK	A_c	ω_c	$0:a_n a_{n-1}=2'b00$ $\frac{\pi}{2}:a_n a_{n-1}=2'b01$ $\pi:a_n a_{n-1}=2'b10$ $\frac{3\pi}{2}:a_n a_{n-1}=2'b11$

3.3 调制信号源生成

调制信号源产生模块负责根据软件相关配置，产生对载波进行调制的信号源数据，包括单音（正弦波）信号、随机噪声信号、语音信号、伪随机序列数据和等幅报数据。模块组成如图 3-13 所示。

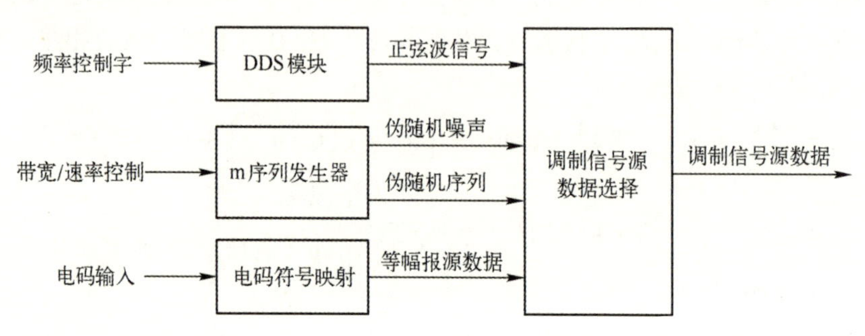

图 3-13 调制信号源产生模块组成框图

1. 正弦波单音调制信号

正弦波单音信号通过直接数字频率合成器（DDS）生成，通过软件配置频率控制字，可以获得不同频率的正弦波单音信号。

2. 伪随机噪声和伪随机序列信号

伪随机噪声和伪随机序列信号都是通过 m 序列产生，实现原理图如图 3-14 所示。

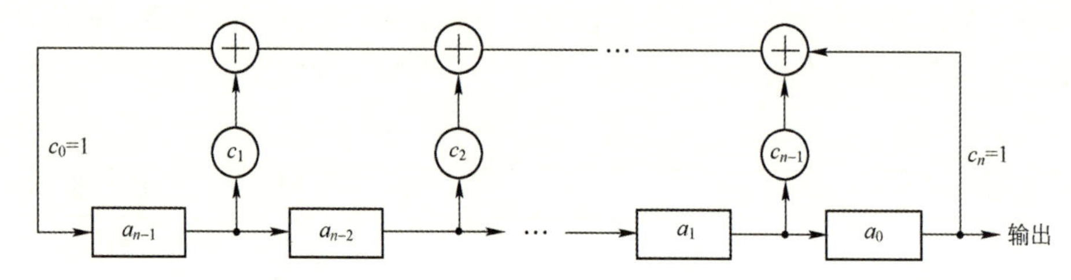

图 3-14 m 序列产生原理框图

在具体的 FPGA 实现中，根据预先设置的本原多项式，控制线性反馈移位寄存器的反馈线连接状态，生成所需的随机噪声或随机序列。

3. 等幅报源数据

等幅报信号的原理是利用载波的有无传递信息，可以理解为振幅键控 2ASK 信号。待发射的电码信号由点（·）和划（—）组成，点和划的区别在于持续时间的长短不同，根据发射信号持续时间的长短组合来代表不同的字符含义，最常见的就是 Morse 编码，如图 3-15 所示。

等幅报源数据产生子模块的组成如图 3-16 所示。

模拟调制（AM、FM）干扰信号所使用的干扰源信号可以分为 3 种：

（1）单音信号。由 FPGA 产生单频率正弦信号，具体可以通过 DDS IP 核来产生。

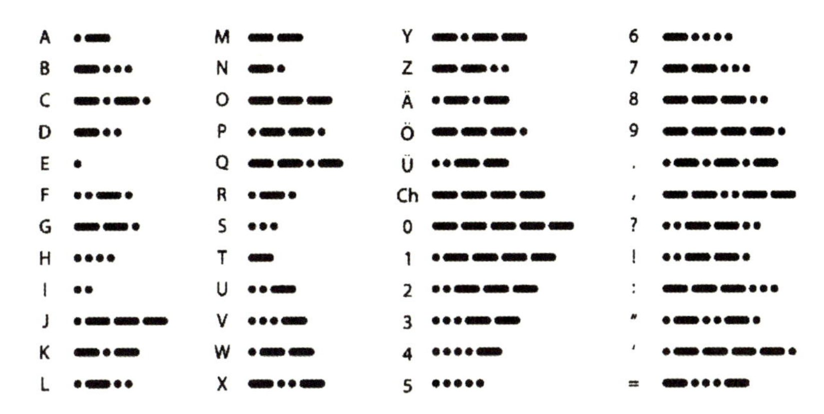

图 3-15　Morse 电码组成示意图

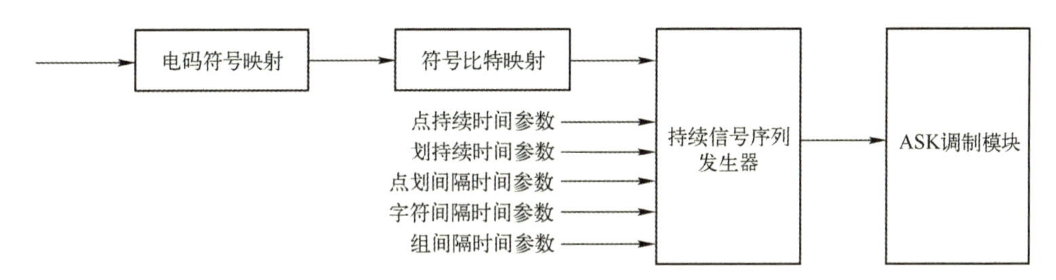

图 3-16　等幅报源数据产生子模块组成示意图

（2）伪随机噪声。由 FPGA 产生 m 序列来模拟随机噪声，噪声带宽可以设置。ARM 需要将应用软件配置的带宽转化为 FPGA 计算所需的参数。

$$\text{bPNBW}=\text{Ceiling}\left(\frac{122.88\times10^{6}}{2\times\text{噪声带宽}}\right)\tag{3.3-1}$$

例：应用软件将随机噪声带宽设置为 1MHz，FPGA 的工作时钟为 122.88MHz，配给 FPGA 相关寄存器的值为

$$\text{bPNBW}=\text{Ceiling}\left(\frac{122.88\times10^{6}}{2\times1\times10^{6}}\right)=62\text{d}=0\text{x}3\text{E}\tag{3.3-2}$$

（3）语音噪声。FPGA 内部有单独产生语音信号带宽噪声的功能模块。

数字调制（ASK、FSK、BPSK、QPSK）干扰信号所使用的干扰源信号可以分为 2 种：方波和伪随机数据速率。

方波：频率可设的方波信号，主要是调试时便于观察。ARM 需要将应用软件配置的方波频率转化为 FPGA 计算所需的参数。

$$\text{bSquareFreq}=\text{Ceiling}\left(\frac{122.88\times10^{6}}{2\times\text{方波频率}}\right)\tag{3.3-3}$$

例：应用软件将方波频率设置为 10kHz，FPGA 的工作时钟为 122.88MHz，配给 FPGA 相关寄存器的值为

$$\text{bSquareFreq}=\text{Ceiling}\left(\frac{122.88\times10^{6}}{2\times10\times10^{3}}\right)=6144\text{d}=0\text{x}1800\tag{3.3-4}$$

伪随机数据速率：FPGA 内部利用 m 序列产生伪随机数据序列，数据速率可设，

ARM 需要将应用软件配置的伪随机数据速率转化为 FPGA 计算所需的参数。

$$\mathrm{bPNRate}=\mathrm{Ceiling}\left(\frac{122.88\times10^{6}}{伪随机数据速率}\right) \tag{3.3-5}$$

例：应用软件将伪随机数据速率设置为 9600b/s，FPGA 的工作时钟为 122.88MHz，配给 FPGA 相关寄存器的值为

$$\mathrm{bPNRate}=\mathrm{Ceiling}\left(\frac{122.88\times10^{6}}{9600}\right)=12800\mathrm{d}=0\mathrm{x}3200 \tag{3.3-6}$$

第 4 章　超宽带功率放大器设计技术

空地联合分布式通信干扰系统为了携行方便和灵活部署，需要自带锂电池或便携式油机供电，为了减轻系统质量和提升干扰设备的工作时间，需要进行小型化设计，即尺寸小、质量轻、成本低，这样才能灵活使用。而干扰设备中质量和功耗较大的是功放模块，因此需要解决小型高效超宽带干扰功率放大技术，提高功率放大器的效率。

本章首先以提高放大器效率为目标，结合各设计点，介绍超宽带功率放大器的一般优化方法；然后重点提出超宽带传输线阻抗匹配、负反馈方法等功率放大设计方法，并基于国产低阻抗功放管，给出小型高效超宽带功率放大器的设计示例；最后对设计实现的功率放大器进行测试，评价性能指标。

4.1　超宽带功率放大优化方法

4.1.1　各类功率放大器的特性分析

功率放大器可以分为很多类，比如宽带的和窄带的、线性工作和恒包络工作等，选择哪种工作类别取决于应用场景和需求。线性放大器需要考虑信号放大后幅度和相位的失真情况，线性度较差的信号会影响接收端的信号解调。恒包络放大器只需考虑输出功率是否满足应用要求，不太关注幅度和相位的失真情况，看重输出功率和效率。

功率放大器根据不同的偏置电压设置不同的静态工作点，可分为 A 类、B 类、AB 类和 C 类功率放大器。

A 类放大器特性：静态工作点接近线性区的中间点，导通角 180°。线性度好，无信号时会有一定的功耗，效率较低（≤25%），通常体积比较大，散热要求较高，成本高。大功率功放一般很少采用，主要用于小信号低频无失真放大。

B 类放大器特性：静态工作点处于截止区，静态电流为零，导通角为 90°，无信号时无功耗，效率较高（理论可达 78%，实际效率在 50%左右），缺点是失真大，线性度较差，一般多用于宽带大功率放大或集成电路输出级放大。

AB 类放大器特性：AB 类放大器处于 A 类和 B 类之间，有较小的静态电流，静态工作点高于截至区，导通角大于 90°、小于 180°。由于所加静态电流较小，所以在没有输入信号的情况下功耗较小（具有 B 类放大器的功耗低优点）。同时因为加入了静态电流，使得放大器工作在放大区，线性度比 B 类放大器要好。AB 类放大器效率比 A 类高很多，接近 B 类放大器效率（最大接近 70%），广泛用于通信类功率放大。

C 类放大器特性：静态工作点位于截止区下方，导通角小于 90°。工作效率比 A 类、B 类、AB 类都要高（可达 85%），缺点是失真太大，只适合以调谐回路为负载的窄带放大。

4.1.2 提高放大器功率的优化方法

提高放大器功率一般是基于已经选定型号的放大器，根据其性能，从匹配和工艺的角度，实现功放输出功率的最大化。主要对以下几个设计点进行优化：

1. 阻抗匹配，负载牵引

功率放大器的输出功率是一项重要的指标。功放输出功率的大小与功放输出端的匹配设计息息相关。传统的小信号条件下的仿真和匹配在大信号模型下不再适用。负载牵引是设计功放领域里一种新的方法。功放的输出功率主要取决于有源器件的负载阻抗，通过改变输出端的负载阻抗，观测功放的输出功率、效率等性能。选择合适的输出阻抗点并加以匹配，可获取功放输出的最大功率/效率。负载牵引技术一般较多地使用在窄带功放的设计和仿真中，对于超宽带功放的设计，由于频率跨越范围大，因此放大器各频点的输出阻抗实际上区别较大，针对每个频点做负载牵引不现实，也无法做到整个频带负载牵引的均衡。

2. 减少传输路径损耗

信号的传输环境决定了信号的损耗系数，功放的设计往往是基于某种材料的 PCB 板材实现的。频率越高，对板材的要求越高。要提高功放的出处功率，可以选用介质损耗（Df）更小的板材。图 4-1 为业内常用板材的 Df 值差别，不同板材的最大 Df 值差别可达 1 个数量级。

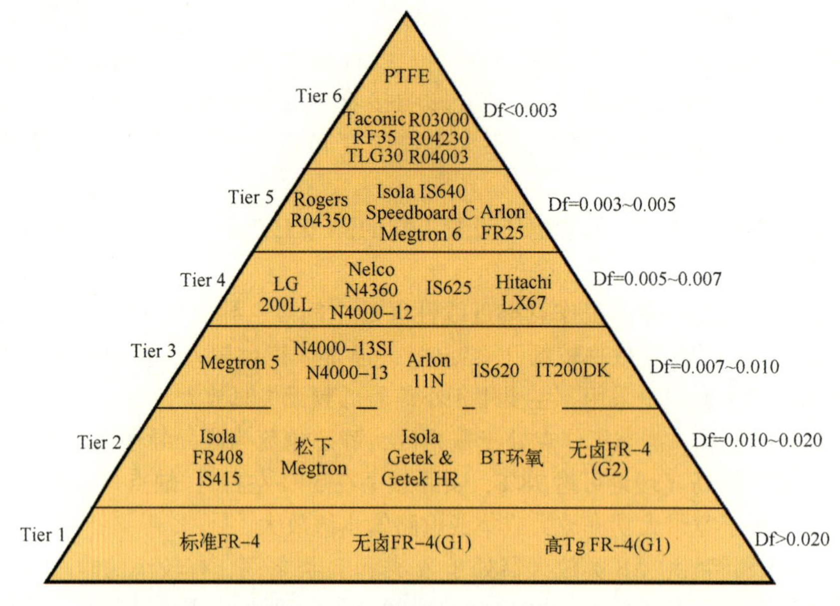

图 4-1 不同板材的 Df 值

3. 减小 PA 输出端电路的插损（滤波器插损等）

在设计功放时，一般会在功放的输出端增加耦合器、滤波器、环形器/隔离器等功能电路。此类电路务必会引入插损，尽量减少此类电路的插损也是变相的提供功放发射功率的一种方法。

如表 4-1 所示，鉴于功率放大器超宽带（30～1000MHz）、高功率（全频段功率≥20W）、高效率（全频段效率≥35%）、高谐波抑制（谐波抑制≥10dBc，有一定线性度要求）等指标要求，结合各类放大器的优缺点，通过横向对比，优先选择 AB 类工作方式。

表 4-1　干扰模块功放类别对比列表

功放特点	A 类	B 类	AB 类	C 类
超宽带	√	√	√	×
高功率	√↓	√↑	√	√↑
高效率	×	√↑	√	√↑
高谐波抑制	√↑	×	√	×

4.2　小型高效超宽带功率放大器的设计

超宽带功率放大器的设计一般有如下几个步骤：明确功率放大器的指标需求，根据指标需求选择合适的功率放大器；根据相关厂商提供的器件模型，利用 ADS 仿真软件，对功率放大器的 S 参数进行仿真；根据仿真结果设计原理图和 PCB，最后进行实际测试和优化，以达到指标要求。

4.2.1　指标需求

下面以 30～1000MHz 干扰模块功率放大器为例进行设计，其指标需求如下：

（1）工作频段：30～1000MHz。

（2）增益：≥10dB。

（3）输出功率：≥43dBm。

（4）效率：≥35%。

4.2.2　器件选型

当前，各主流功放芯片厂家基本无合适的 50R 端口阻抗大功率宽带放大器集成芯片可供选用。因此，鉴于现有技术条件，开发小型高效超带宽的射频功放，只能基于低阻抗的功放管，外加超宽带匹配技术实现。

由于功放的工作频带较宽，因此选型时需考虑宽带效应带来的单管指标降额，按至少 50%的降额需求对功放管进行选型。

经过充分分析，可选择基于国产远创达的功放管 MJ1505 进行宽带功放设计，其关键参数如图 4-2 和图 4-3 所示。

功率放大管规格书内的参数实际为各频段单独匹配下的最好值，在进行宽带匹配设计时，需考虑各频段指标的均衡性，实际结果会比产品说明书提供的参数要差。

MJ1505 LDMOS TRANSISTOR

Document Number: MJ1505
Product Datasheet V2.1

50W, 28V High Power RF LDMOS FETs

Description

The MJ1505 is a 50-watt, highly rugged, unmatched LDMOS FET, designed for wide-band commercial and industrial applications at frequencies HF to 1.5 GHz. It can be used in Class AB/B and Class C for all typical modulation formats.

MJ1505

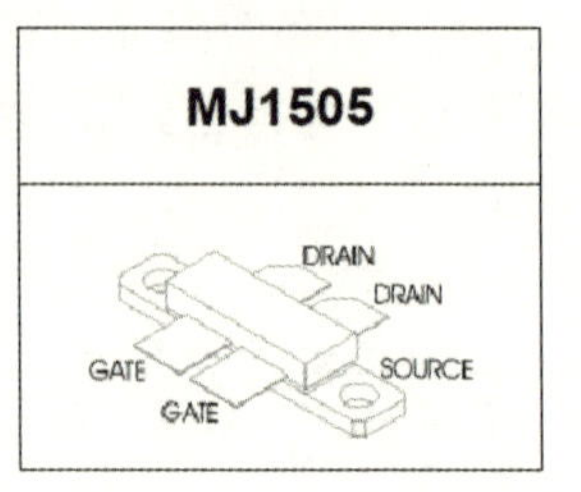

•Typical Performance (On Innogration fixture with device soldered):

V_{DD} = 28 Volts, I_{DQ} = 300 mA, CW.

Frequency	Gp (dB)	P_{-1dB} (W)	η_D@P_{-1} (%)
1000 MHz	20	50	60

图 4-2　MJ1505 功率放大管

•Typical Performance (On Innogration fixture with device soldered):

V_{DD} = 28 Volts, I_{DQ} = 300 mA, CW.

Frequency	Gp (dB)	P_{-1dB} (W)	η_D@P_{-1} (%)
1000 MHz	20	50	60

•Typical Performance (In Innogration broadband demo): V_{DD} = 28 V, I_{DQ} = 200 mA, CW.

Freq (MHz)	Gp (dB)	P_{-1dB} (dBm)	η_D@P_{-1} (%)
15	16.8	46.0	36.3
20	17.1	46.6	39.2
30	15.5	46.9	40.6
60	15.5	46.5	38.8
90	16.4	46.3	39.6
120	16.8	46.6	43.0
150	16.7	47.4	49.2
200	19.2	47.2	48.4
250	17.4	47.4	49.2
300	19.1	47.6	49.5
350	18.0	47.5	49.0
400	18.2	47.9	51.2
450	17.8	47.9	51.9
500	17.8	47.7	51.9
512	18.2	47.4	50.6
550	18.3	47.1	49.8
600	17.7	47.0	49.7
650	18.1	46.6	47.6
700	16.1	46.4	47.4
750	16.8	46.7	47.7
800	16.0	46.4	46.3
850	15.5	46.2	43.9
900	14.5	46.2	43.3
950	14.0	45.5	40.4
1000	13.9	45.4	39.4

图 4-3　功率放大管 MJ1505 关键参数截图

4.2.3 功率放大模块设计

1. 阻抗匹配设计

采用 4∶1 同轴传输线阻抗变换技术实现宽带匹配，原因是功率放大管的输入和输出阻抗较低，只有几欧姆至十几欧姆，且随频率的不同而变化。传统的电容匹配方式由于电容本身的频率选择特性，不适合做宽带匹配。设计阻抗匹配时，在功率放大的输入端采用了 4∶1 同轴变换器，将 50Ω 的系统阻抗变换到 12.5Ω，功率放大输出端采用 1∶4 同轴变换器，将 12.5Ω 变换到 50Ω，实现功率放大管的输入和输出宽带匹配。

2. 均衡性与稳定性设计

采用负反馈技术优化增益平坦度，提高稳定性。射频功率放大管的增益随频率的增高而下降，一般情况下，每增加一个倍频程，增益下降约 3dB。在窄带应用中，这种增益随频率变化的情况可以忽略不计，但在多倍频程应用中，必须考虑对低频增益的压制。30～1000MHz 干扰模块功率放大器所跨频段有 33 个倍频程，为获取较为平坦的增益，功放电路采用了负反馈技术。在功率放大管的输入与输出端并联 RC 电路，R 为反馈电阻，C 为隔直电容。利用 680R 的反馈电阻，将整个宽带的增益平坦度控制在 2dB 范围内，实现了较好的宽带特性。

MJ1505 功率放大管内集成了 2 个 LDMOS 管子，其一致性较单管组合方式更好，可用于平衡/推挽放大，以获取高功率和高效率。

负反馈电路采用 RC 结构，电容 C 用于隔直和交流耦合，电阻用于调节反馈深度。通过 RC 负反馈电路减小宽频带的增益波动，进一步提高功率放大管工作的稳定性。

由于国产化功率放大器厂家不能提供 S 参数模型，所以只能通过理论上的阻抗变换设计结合实际调测获得所需性能。

4.3 自主研制国产化功率放大器的设计实现

自主研制的国产化功率放大器（以下简称自研国产化功放）的原理设计图如图 4-4 所示。

将自研国产化功放的原理设计转化成 PCB 设计，如图 4-5 所示。自研国产化功放实物焊接图如图 4-6 所示。

自研国产化功放焊接组装后，经过调试，最终测试结果如图 4-7 所示。其全频段增益大于或等于 47dB，增益平坦度为 3.3dB，输出功率大于或等于 27W（平均功率 38.84W），效率大于或等于 28%（平均效率为 33.5%）。

由测试数据可知，采用传输线变压器，RC 负反馈宽带匹配技术自主研制的全国产化 30～1000MHz 功率放大器，相关指标均满足系统应用要求。

自研国产化功放组成器件表如表 4-2 所示。

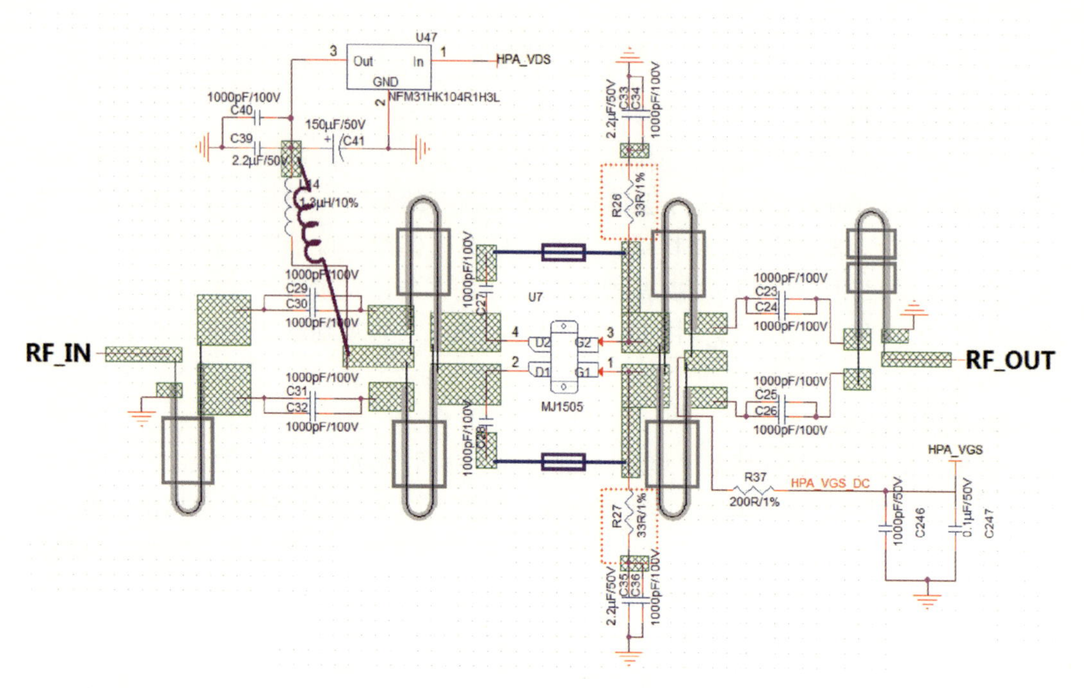

图 4-4　功率放大器的原理设计图

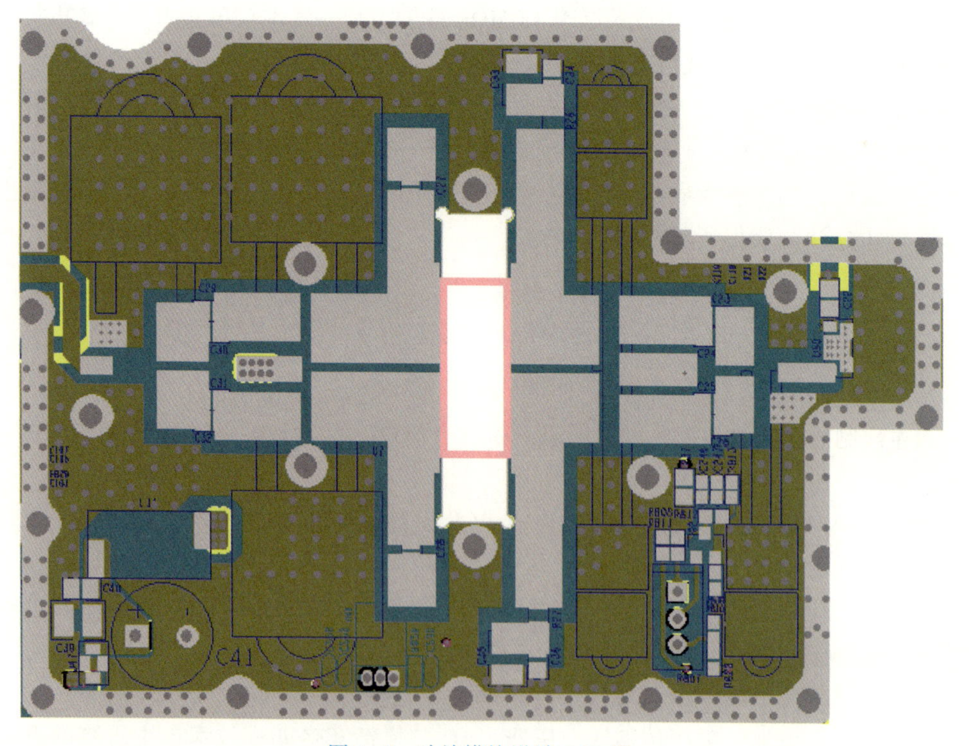

图 4-5　功放模块设计 PCB 图

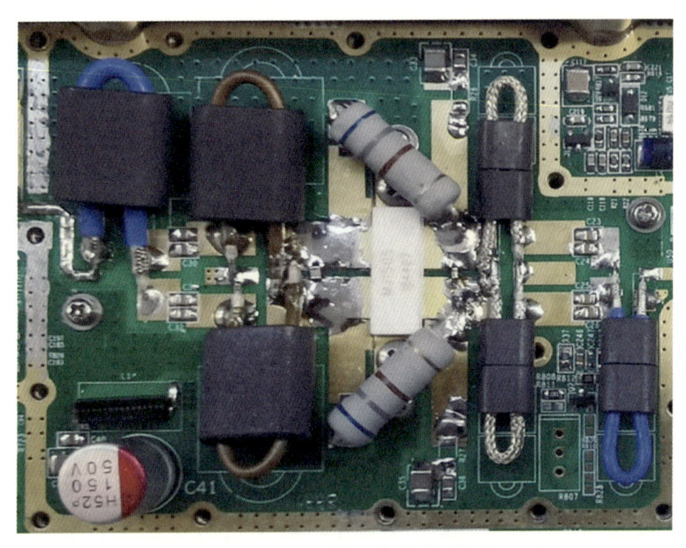

图 4-6　功放模块实物焊接图

功放型号：30M-1G-PA　　功放编号：TEST-001

供电电压：+28V　　静态电流：0.88A

频率/MHz	大信号				功率增益/dB	效率
	P_{in}/dBm	P_{out}/dBm	P_{out}/W	I_d/A		
30	-2.3	45.9	38.90	4.31	48.2	29.8%
60	-3	45.5	35.48	4.11	48.5	28.4%
90	-2.9	45.3	33.88	3.85	48.2	28.8%
120	-2.6	45.6	36.31	3.8	48.2	31.2%
150	-4.4	46.4	43.65	3.99	50.8	35.9%
200	-5.3	46.2	41.69	3.87	51.5	35.2%
250	-4.7	46.4	43.65	3.99	51.1	35.9%
300	-4.7	46.6	45.71	4.15	51.3	36.2%
350	-4.8	46.5	44.67	4.1	51.3	35.8%
400	-4.2	46.9	48.98	4.3	51.1	37.6%
450	-4.1	46.9	48.98	4.24	51	38.0%
500	-3.9	46.7	46.77	4.05	50.6	37.9%
550	-4.7	46.1	40.74	3.68	50.8	36.0%
600	-5.2	46	39.81	3.6	51.2	35.9%
650	-4.9	45.6	36.31	3.43	50.5	34.2%
700	-3.7	45.4	34.67	3.29	49.1	34.0%
750	-3.6	45.7	37.15	3.5	49.3	34.4%
800	-4.6	45.4	34.67	3.37	50	33.2%
850	-4.4	45.2	33.11	3.39	49.6	31.6%
900	-4.5	45.2	33.11	3.44	49.7	31.1%
950	-4.9	44.5	28.18	3.14	49.4	28.8%
1000	-4.3	44.4	27.54	3.14	48.7	28.1%
平均		**45.84**	**38.82**	**3.76**	**50.00**	**33.5%**

图 4-7　自研国产化功放关键参数测试结果

表 4-2　国产化功放组成器件表

器件名称	器件型号	国产品牌
射频开关	SIS084SP3	仕芯
检波器	AWE253	安其微
增益放大器	SIA3024SP3	仕芯
驱动放大器	MM1001	远创达
末级放大器	MJ1505	远创达
宽带耦合器	DC0500W50	研通

4.4 自主研制国产化功放与进口功放关键性能对比

进口功率放大器（以下简称进口功放）的测试数据如图 4-8 所示。其全频段增益大于或等于 45.8dB，增益平坦度为 4.6dB，输出功率大于或等于 18.6W（平均功率为 23.45W），效率大于或等于 27%（平均效率为 32.3%）。

频率/MHz	30~1000MHz功放模块					效率
	P_{in}/dBm	P_{out}/dBm	P_{out}/W	G_a/dB	I_d/A	
30	-4.1	43.3	21.38	47.40	2.6	29.4%
100	-4.5	43.5	22.39	48.00	2.6	30.8%
200	-4.7	43.8	23.99	48.50	2.7	31.7%
300	-4.8	44.4	27.54	49.20	2.7	36.4%
400	-5.8	44.6	28.84	50.40	2.7	38.1%
500	-5.2	44.3	26.92	49.50	2.7	35.6%
600	-4.8	43.9	24.55	48.70	2.6	33.7%
700	-4.5	43.5	22.39	48.00	2.5	32.0%
800	-4.3	43.2	20.89	47.50	2.3	32.4%
900	-3.1	42.7	18.62	45.80	2.4	27.7%
1000	-2.9	43.1	20.42	46.00	2.7	27.0%
平均		43.7	23.45	48.09	2.59	32.3%

图 4-8 进口功放测试数据

进口功放和国产功放的功率增益对比如图 4-9 所示，输出功率对比如图 4-10 所示。自研国产化功放与进口功放关键参数对比如表 4-3 所示。

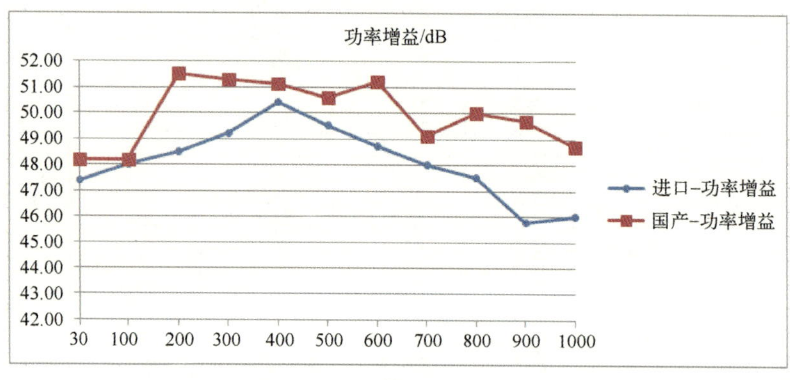

图 4-9 功率增益对比

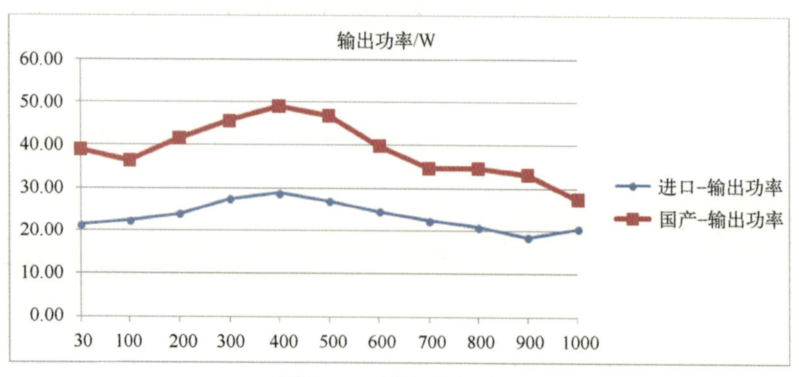

图 4-10 输出功率对比

表 4-3　自研国产化功放与进口功放关键参数对比表

关键指标（均值）	自 研 功 放	进 口 功 放	对 比 结 果
功放效率	33.5%	32.3%	自研优
功率增益波动/dB	3.3	4.6	自研优
功率增益/dB	50	48.09	自研优
输出功率/dBm	38.82	23.45	自研优
技术受控状态	完全可控	不可控	自研优

从图 4-7、图 4-8、图 4-9、图 4-10 和表 4-3 可知，与进口功放相比，自研国产化功放的平均功率增益高 1.91dB，增益平坦度好 1.3dB，输出平均功率高出 10W，输出平均效率高出 1.2 个百分点，整体性能优于同类进口产品。

第 5 章　空地联合组网通信技术

空地联合分布式通信干扰系统中，干扰设备数量多，部署分散，而且考虑到复杂地形和电磁环境的影响，需要将众多的空地异构干扰资源进行组网，根据应用需求和规划，统一分配和使用，在受控状态下对目标实施干扰。而干扰资源的参数配置、频谱侦测和状态监测，以及各空地干扰设备之间实时或低时延的信息交互是实施干扰的重要前提，因此，需要开展分布式空地联合组网通信技术研究，以提升干扰协同能力。

对于复杂的电磁环境应用场景，环境引起的多径和时变是通信系统的两个重要影响因素，多径会导致无线信号遭受频率选择性衰落，时变则引起信道相应随时间变化，为了有效解决多径和时变问题，本章首先对无线组网通信方案进行设计，其次提出一种基于扩展树的启发式中继节点布设算法，解决遮挡环境下多个干扰分站之间以及干扰分站与导控终端之间的组网通信问题。

5.1　无线组网通信方案设计

5.1.1　无线自组网通信波形核心模块方案设计

1. 基带组帧设计

基带组帧设计如图 5-1 所示。

b15~b0	数据段：最多31680bit(3960B)	c31~c0

图 5-1　基带组帧设计

b15~b0：16 比特命令帧，确定后面的数据段以怎么样的编码和调制方式进行传输。

数据段：最多 3960B。

c31~c0：尾段 32 比特，主要用于对数据段进行 CRC32 校验。

2. 加扰与解扰方案设计

数字通信中有时会出现连续的 0 或 1。为了避免这种现象，经常采取加入扰码的方式来改变信号的统计特性。这种设计方法的优点是冗余数据没有增加。而在接收时，通过解扰操作可以恢复出数字信息。

在命令帧的处理中，首先需要进行加扰操作，本方案设计采用式（5.1-1）所示的扰码器：

$$S(x)=x^7+x^4+1 \tag{5.1-1}$$

式（5.1-1）是一个反馈移位寄存器多项式表示，其输出为 m 序列。也就是说，扰码器输出的数字码元之间具有最小的相关性。

在传输命令帧时，上述扰码器的初始状态应设为伪随机状态。例如，当初始状态为全 1 时，扰码器重复生成的 127 比特序列为 0000111011110010110010010000001000100110001011101011011000001100110101001110011110110100001010101111101001010001101 1100011111111。

解扰器与加扰器相同生成多项式结构相同，假设原始数字信息为 Din_k，则经过加扰后为

$$\mathrm{Scram}_k=\mathrm{Din}_k\oplus \mathrm{S}_k=\mathrm{Din}_k\oplus \mathrm{S}_{k-4}\oplus \mathrm{S}_{k-7} \tag{5.1-2}$$

其中，Scram_k 为加扰后的输出数据；S_k 为加扰器的反馈数据。

对于解扰模块

$$\begin{aligned}\mathrm{Descram}_k &=\mathrm{Scram}_k\oplus \mathrm{S}'_k=\mathrm{Scram}_k\oplus \mathrm{S}'_{k-4}\oplus \mathrm{S}'_{k-7}\\ &=(\mathrm{Din}_k\oplus \mathrm{S}_{k-4}\oplus \mathrm{S}_{k-7})\oplus \mathrm{S}'_{k-4}\oplus \mathrm{S}'_{k-7}\\ &=\mathrm{Din}_k\end{aligned} \tag{5.1-3}$$

其中，$\mathrm{Descram}_k$ 为解扰后的输出数据；S'_k 为解扰器的反馈数据。

显然，式（5.1-3）成立的前提是解扰模块在解扰过程中的 m 序列发生器每一时刻的状态值要与加扰模块的加扰过程对应相等。

3. 编码与译码方案设计

根据传输业务的不同，本方案的命令帧和数据帧采取不同的编码和译码方式，其中前者的编码方式采用卷积编码，译码方式采用 Viterbi 译码，而后者的编码方式采用 Turbo 编码，译码方式采用并行迭代译码的方法。下面根据不同的编码方案进行说明。

（1）卷积码编码方案设计。命令帧采用标准(2,1,7)卷积码对应的 1/2 删余码进行信道编码。卷积码采用(2,1,7)标准码的删余码，标准的(2,1,7)卷积码的生成多项式表述为{{133,171}→{Code(1),Code(0)}}，其编码器结构如图 5-2 所示。

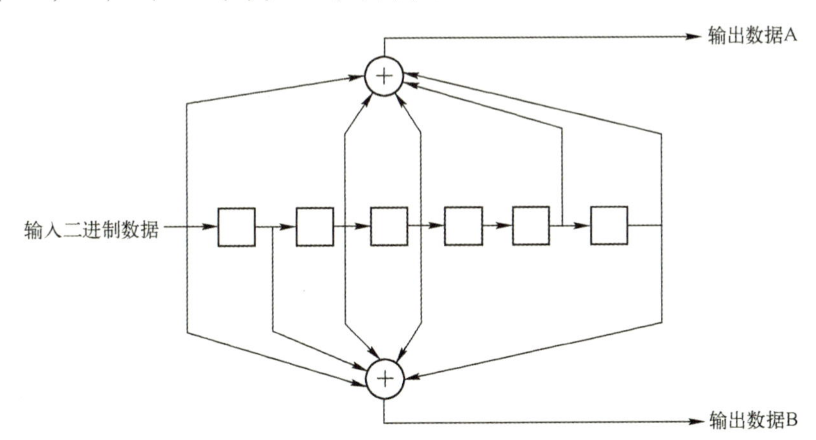

图 5-2 标准(2,1,7)卷积码的编码器结构

输出数据 A 的生成多项式为

$$S(x)=x^6+x^5+x^3+x^2+1 \tag{5.1-4}$$

输出数据 B 的生成多项式为

$$S(x)=x^6+x^3+x^2+x^1+1 \tag{5.1-5}$$

因此，图 5-2 所示编码器是一个 1/2 码率的卷积编码，即根据式（5.1-4）和式（5.1-5）所示，编码器每输入 1 比特二进制数据，就会生成多项式输出 2 比特的数据，其中 1 比特为输出数据 A，1 比特为输出数据 B。

（2）Viterbi 译码方案设计。在有限状态的离散过程中，设状态空间为$\{1,2,\cdots,M\}$共有 M 种状态，状态值为 X_k，其中 k 为时间标记。从 0 时刻到 k 时刻的状态链为 $X=\{X_0,X_1,\cdots,X_k\}$，如果满足 $P(X_{k+1}|X_0,X_1,\cdots,X_k)=P(X_{k+1}|X_k)$，那么该过程为马尔可夫过程。本方案采用的卷积编码器状态 X_k 随着送入的信源码 V_k 改变，可视作一个有限状态的离散马尔可夫过程。图 5-3 为卷积码编译码系统框图。在编码过程中，信源码 V_k 经过一个移位器 X_k、线性逻辑电路、有噪信道传播后，最终生成接收信号 Z_k。而在译码过程中，Viterbi 译码器负责从接收信号 Z_k 恢复出信源信息。

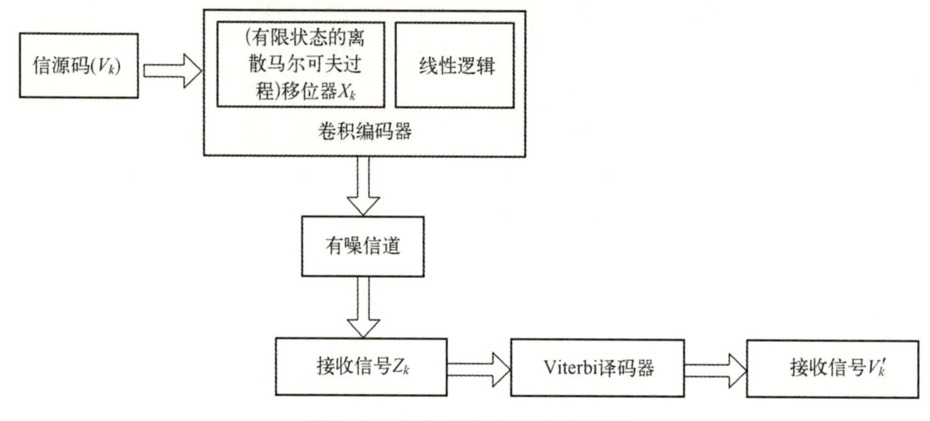

图 5-3　卷积码编译码系统框图

设卷积码移位状态寄存器共有 N 位，那么 X_k 的状态有 2^N 种。每当一个信源码进入编码器，移位状态寄存器的状态就改变一次，且输出一个与该状态唯一对应的编码值。所谓的“后验”，是指根据接收到的编码，推测出其所对应的移位状态寄存器的状态。而 Viterbi 译码是在标记所有可能的状态转换的路径中选择最有可能的一条，因此称为最大后验概率方法，且这条路径所对应的信源码就是译码结果。

为了便于说明本方案实现的 Viterbi 算法操作过程，图 5-4 给出了一个简单的(2,1,2)卷积编码器，图 5-5 所示是其对应的网格图。在图 5-5 中，S_0、S_1、S_2、S_3表示卷积码移位器的 4 种可能状态，一般编码器初始状态为 S_0，故译码器起始也从 S_0 开始。从时间点 0T 到 7T，每个状态都有两个分支，指向由新进入编码器的信源码 V_k（0 或 1）所带来的状态改变，例如当状态是 S_0 时，若输入 $V_k=0$，则下一时刻状态仍为 S_0，输出编码 $Y_k=00$。反之，若输入 $V_k=1$，则状态变为 S_1，输出编码 $Y_k=11$。将分支路径的输出编码和接收到的编码比较，把两个码之间的汉明距离 $d(Y_k,Z_k)$ 给这一段分支路径作为路径长度，这里使用汉明距离来代替概率计算，例如，$\mathrm{d}(00,01)=\mathrm{d}(00,10)=\mathrm{d}(10,11)=\mathrm{d}(01,11)=1$，$\mathrm{d}(00,11)=\mathrm{d}(10,01)=2$，d 越小，相似度越大，表示概率越高，则路径长度越短。根据这种准则来选择通过每个状态的两条路径之一。当译码结束时，只有两条路径达到终点状态 S_0，选择最短的一条便可。

基于图 5-5 中的网格图，在图 5-6 给出其利用 Viterbi 算法计算路径长度、选择幸

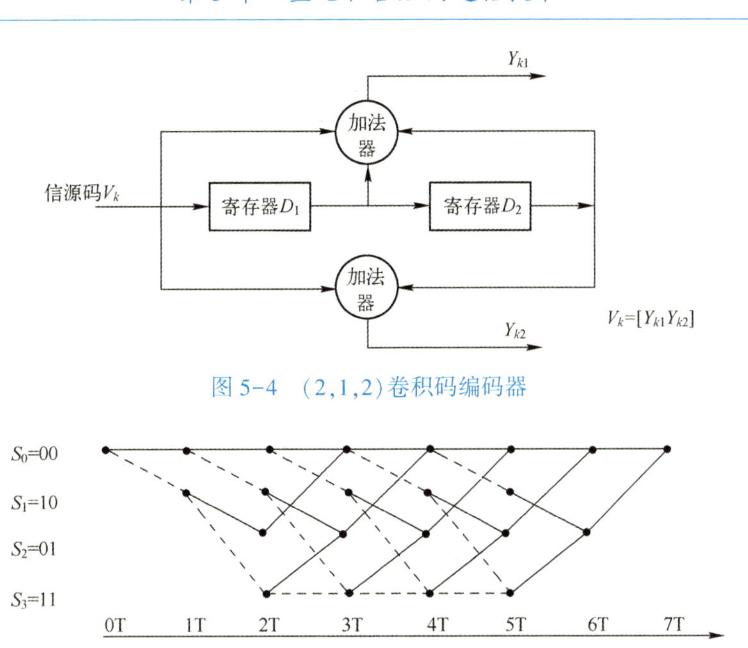

图 5-4　(2,1,2)卷积码编码器

图 5-5　(2,1,2)卷积码网格图

存路径的过程。假设接收到的编码序列 $Z=\{00,01,10,00,00,00,00\}$，要从图 5-6 中选出一条最短路径。路径旁边的数字代表汉明距离 $d(Y_k,Z_k)$，圆圈里的数字表示到达该状态的最短路径的长度和。假设 0T 时刻译码器开始工作，从 S_0 发出两条分支，一条通往 S_1，另一条指向 S_0 自身，前者对应的编码是 11，则 $d(11,Z_0=00)=2$，后者对应的编码是 00，$d(00,Z_0=00)=0$。接着从 1T 时刻的两个状态 S_0、S_1 各自发出两条分支，其计算方式同前。从 2T 时刻起，四个状态均有路径到达，这是译码的一般情况，因为 0T—1T 只是起始状态。而从 3T 时刻起，每个状态均能通过两条路径到达，必须选择其中较短的一条。用实线表示幸存路径，虚线表示淘汰路径。若两条路径长度相同，则保留任意一条。如此进行下去，直到 5T 时刻，开始进入回归阶段，即假定编码器只能输入 0，故 6T 时刻能到达的状态只有 S_0 和 S_2。最后 7T 时刻，抉择出最短路径为 S_0—S_0—S_0—S_0—S_0—S_0—S_0（图中加粗的路径），即发送序列是全零序列$\{0,0,0,0,0,0,0\}$。

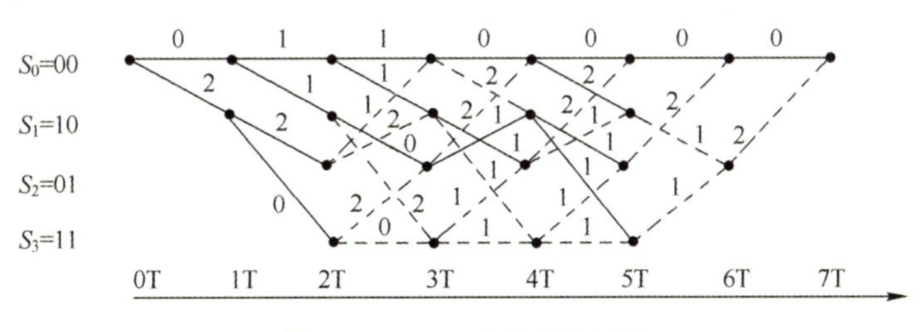

图 5-6　Viterbi 算法示意图

（3）Turbo 码编码方案设计。采用的 Turbo 码的编码结构如图 5-7 所示。

该 PCCC 结构由 C. Berrou 在 1993 年提出，从图 5-7 中可以看出，主要由分量编码器、交织器、穿刺矩阵和复接器组成。分量码选择递归系统卷积（RSC）码，也可以选择分组码、非递归卷积（NRC）码能及非系统卷积（NSC）码。图中两个分量码采用

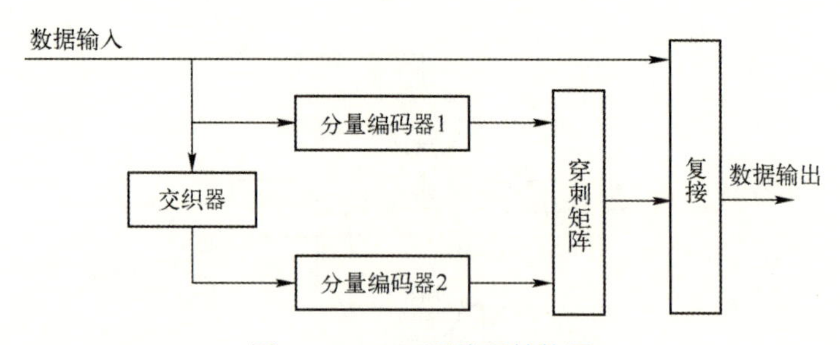

图 5-7　Turbo 码编码结构图

相同的生成矩阵。现在假设两个分量码的码率分别为 R_1 和 R_2，则可以计算出本方案设计的 Turbo 码的码率为

$$R=\frac{R_1R_2}{R_1+R_2-R_1R_2} \tag{5.1-6}$$

下面详细说明 Turbo 码的编码过程，为了方便说明，将 PCCC 编码结构重画，如图 5-8 所示。

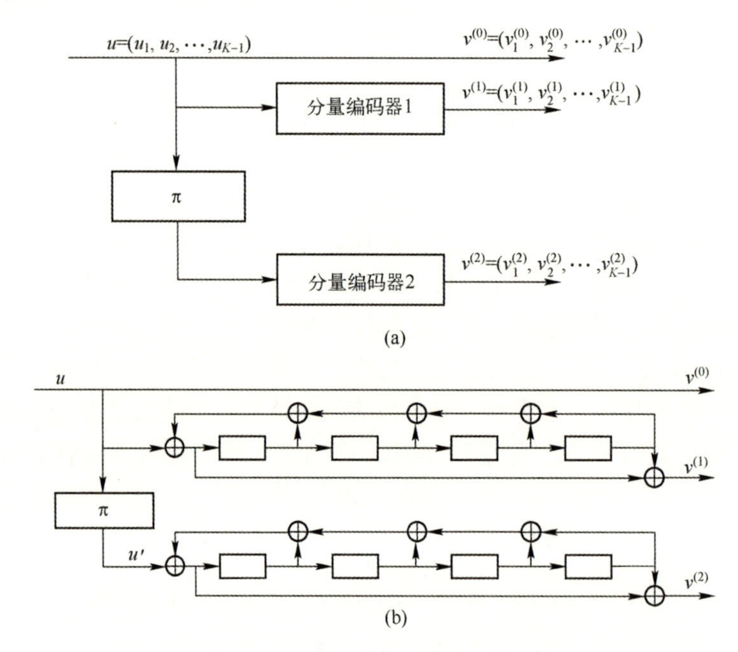

图 5-8　PCCC 结构的编码示意图

系统包括输入信息序列 u，两个$(2,1,v)$系统反馈（递归）卷积编码器，一个交织器（用 π 表示）。假设信息序列含有 $K*$ 个信息比特以及 v 个结尾比特（以便返回到全 0 态），其是 v 是第一个编码器的约束长度，因此有 $K=K*+v$，信息序列可以表示为

$$u=(u_0,u_1,\cdots,u_{K-1}) \tag{5.1-7}$$

由于编码器是系统的，因此信息序列就等于第一个输出序列，即

$$u=v^{(0)}=(v_0^{(0)},v_1^{(0)},\cdots,v_{K-1}^{(0)}) \tag{5.1-8}$$

第一个编码器输出的校验序列为

$$v^{(1)}=(v_0^{(1)},v_1^{(1)},\cdots,v_{K-1}^{(1)}) \tag{5.1-9}$$

交织器对 K 个信息比特进行扰序处理，得到 u'，第二个编码器输出的校验序列为

$$v^{(2)}=(v_0^{(2)},v_1^{(2)},\cdots,v_{K-1}^{(2)}) \tag{5.1-10}$$

从而最终的发送序列（码字）为

$$v=(v_0^{(0)}v_0^{(1)}v_0^{(2)},v_1^{(0)}v_1^{(1)}v_1^{(2)},\cdots,v_{K-1}^{(0)}v_{K-1}^{(1)}v_{K-1}^{(2)}) \tag{5.1-11}$$

因此，对该编码器来说，码字长度 $N=3K$，$R_t=K*/N=(k-v)/3K$，当 K 比较大时，R_t 约为 1/3。

在本编码方案中应用的两个分量码都是(2,1,4)系统反馈编码器，具有相同的生成矩阵，为

$$G(D)=[(1+D^4)/(1+D+D^2+D^3+D^4)] \tag{5.1-12}$$

以上便是本方案应用的 PCCC 结构的 Turbo 码。

（4）Turbo 码迭代译码方案设计。对于实现的 Turbo 码译码方案，为了便于讨论，将 SISO 译码单元输入的系统位与校验位软信息分别记作 L_k^s 与 L_k^p，类似于卷积码的 Viterbi 译码算法，SISO 译码单元运行的 Log-MAP 算法和 max-log-MAP 算法可以利用卷积码网格进行递归运算。令 $\alpha_k(s)$ 和 $\beta_k(s)$ 分别表示网格第 k 级状态 s 的前向状态度量与反向状态度量；定义 $\gamma_k^1(s',s)$ 为连接网格第 k-1 级状态 s' 与第 k 级状态 s 的分支所对应的分支度量。它按照如下方式计算：

$$\gamma_k^1(s',s)=C(x_kL_k^s+z_k^pL_k^p)+x_kL_k^A \tag{5.1-13}$$

其中 x_k，z_k^p 表示编码器状态由 s' 转移至 s 时所输出的系统比特与校验比特；L_k^A 表示系统比特 x_k 所对应的先验信息；C 为加权常数。

radix-2^v MAP 算法将网格中连续的 v 级网格所涉及的状态递推运算合并于一次进行，其中每次递推所用的分支度量为

$$\gamma_k^r(s',s)=\gamma_k^1(s^{(1)},s)+\sum_{i=1}^{r-2}\gamma_{k-i}^1(s^{(i+1)},s^{(i)})+\gamma_{k-r+1}^1(s',s^{(r-1)}) \tag{5.1-14}$$

这里 $\{s',s^{(r-1)},\cdots,s^{(1)},s\}$ 等状态构成了连接网格第 $k-r$ 级状态 s' 与第 k 级状态 s 的等效分支。基于前述所定义的分支度量表达式，在 radix-2^v MAP 算法中前向与反向状态度量以如下方式进行计算：

$$\alpha_k(s)=\max_{s'}\{\alpha_{k-r}(s')+\gamma_k^r(s',s)\} \tag{5.1-15}$$

$$\beta_{k-r}(s')=\max_{s'}\{\alpha_{k-r}(s')+\gamma_k^r(s',s)\} \tag{5.1-16}$$

这里 $\max\{x,y\}$ 定义为

$$\max\{x,y\}=\max\{x,y\}+\ln(1+e^{-|x-y|}) \tag{5.1-17}$$

Log-MAP 算法在计算时考虑到了修正项 $\ln(1+e^{-|x-y|})$ 的影响，相比之下 max-log-MAP 算法忽略了该修正项以保证更低的运算复杂度。利用得到的前向与反向状态度量，可以着手计算每个信息比特的判决软信息。注意到式（5.1-13）中 $\gamma_k^r(s',s)$ 所对应的长度为 r+1 的状态序列描述了 v 次状态转移过程，而每次状态转移都对应唯一的系统比特。因此引入条件分支度量 $\gamma_k^r(s',s\mid x_j),j=k-r,\cdots,k-2,k-1$，它限定了从网格第 $k-r$ 级状态 s' 开始的第 $j-k+r+1$ 次状态转移所对应的系统比特为 x_j。这样一来，x_j 所对应的判决软信息可以表示为

$$L_j^D=\max_{s',s:x_j=1}\{\alpha_{k-r}(s')+\gamma_k^r(s',s\mid x_j)+\beta_k(s)\}$$

$$-\max_{s',s:x_j=0}\{\alpha_{k-r}(s')+\gamma_k^r(s',s\mid x_j)+\beta_k(s)\} \tag{5.1-18}$$

从 L_j^D 中减去 x_j 所对应的系统位软信息 L_j^S 和先验信息 L_j^A 便得到 x_j 的外信息，即

$$L_j^E=L_j^D-L_j^S-L_j^A \tag{5.1-19}$$

SISO 译码单元通过对系统位软信息 L_j^S、校验位软信息 L_k^p 以及先验信息 L_k^A 的处理得到判决软信息 L_j^D 和外信息 L_k^E。具体到 Turbo 码译码器中，分量译码单元 1 利用 L_k^S、L_k^{p1} 以及先验信息 L_k^{A1} 计算判决。

软信息 L_k^D 和外信息 L_k^{E1}。类似地分量译码单元 2 利用 $L_{\prod(k)}^s$、L_k^{p2} 以及先验信息 L_k^{A2} 来计算判决软信息 L_k^{D2} 和外信息 L_k^{E2}。迭代译码操作表现为 SISO 译码单元之间的外信息交互，即

$$L_k^{A1}=L_{\prod^{-1}(k)}^{E2},L_k^{A2}=L_{\prod^{-1}(k)}^{E1} \tag{5.1-20}$$

这里$\prod^{-1}(\cdot)$表示解交织函数。

子块并行译码方法将长度为 K 的 Turbo 码码块划分为 P 个长度为 $S=K/P$ 的子块并对每个子块进行独立处理，图 5-9（a）以 $P=2$ 为例对子块并行译码器结构进行说明。在执行子块并行译码算法时，需要对每个子块左侧边界的前向状态度量和右侧边界的反向状态度量进行有效估计。对于第 i 个子块而言，需要将网格第$(i-1)K/P-\text{lacq}$ 级的前向状态度量初始化为全零，然后执行 lacq 级前向状态递推并把所得结果作为第 i 个子块左侧边界的前向状态度量；类似地，将网格第 $iK/P+\text{lacq}$ 级的反向状态度量初始化为全零，然后执行 lacq 级反向状态递推来得到第 i 个子块右侧边界的反向状态度量。lacq 的大小应不小于 Turbo 码中分量卷积码的判决深度，这样才能保证状态度量估计结果的可靠性。特别地，第 1 个子块左侧边界的前向状态度量和第 P 个子块右侧边界的反向状态度量可以准确得到，不必通过上述方法进行估计。

radix-2^v 算法中的前向与反向状态递推会涉及到 2^v 个状态度量间的相互比较，随着 v 的增加，用于执行状态递推的加比选（Add-Compare-Select，ACS）单元将具有更为复杂的硬件结构，此时 ACS 单元有必要通过流水线设计来缩短电路的关键路径。用 l 表示 ACS 单元的流水线级数，相应地每次 ACS 运算需要消耗 l 个时钟周期。由于 ACS 单元为闭环迭代结构，因此经过 l 级流水线设计后其计算资源的利用率将降低到 1/l。考虑到不同子块的运算彼此独立，可以使用 BIP 策略在不影响各子块译码操作与系统吞吐量的前提下实现 ACS 单元使用效率的最大化。以 BIP 方式工作的 SISO 译码单元能够对 λ 个子块进行处理，这里 λ 被称为 BIP 因子且满足 $\lambda\leqslant 1$。如图 5-9（b）所示，此时 SISO 译码单元在各时钟周期依次循环读取 λ 个子块的数据，然后经过运算后输出以同样次序排列的判决软信息与外信息。因此当子块数目为 P 且 BIP 因子为 λ 时，Turbo 码译码器需要部署 $N=P/\lambda$ 个 SISO 译码单元来完成并行译码操作。

在 SISO 译码过程中，状态度量和分支度量需要在计算判决软信息之前进行缓存。尽管子块并行译码方法以及 BIP 策略的使用能够实现译码器吞吐量与计算资源使用效率的提升，每个子块内仍然需要存储全部状态度量与分支度量，从这一点来看，译码器的数据存储开销并未减少。SMAP 和 XMAP 方法旨在对 SISO 译码算法的前向状态递推、反向状态递推以及软信息计算操作进行合理调度以避免译码过程中大量的数据缓存。SMAP 方法将长度为 S 的子块进一步划分为 L 个长度为 $W=S/L$ 的窗口，并按照图 5-10

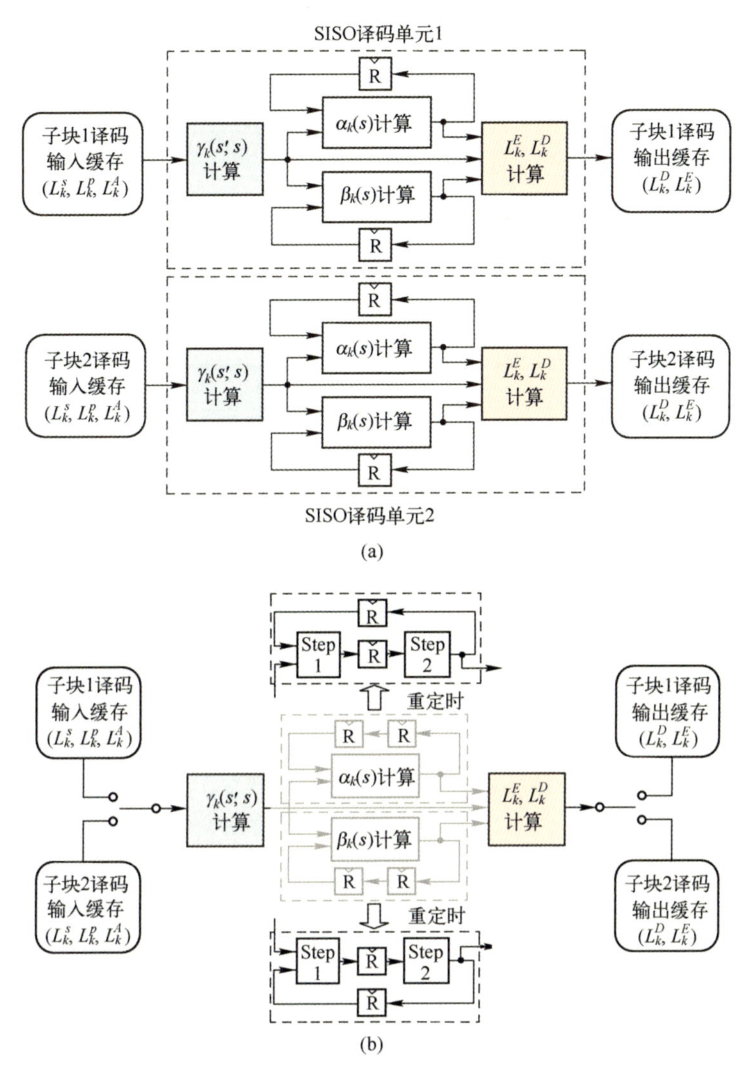

图 5-9　子块并行译码结构与基于 BIP 方式的 SISO 译码策略

（a）子块并行译码器结构（$P=2$）；（b）基于 BIP 方式的 SISO 译码策略（$P=2$，$\lambda=2$）。

所示的方式将不同 SISO 译码操作分布在不同的窗口上执行，这样每个子块内只需要对用于初始化反向状态度量的窗口存储分支度量以及对执行反向状态递推的窗口存储分支度量与状态度量。不过，SMAP 的分窗口处理导致了 SISO 译码器的控制复杂度提升，同时还依靠额外的反向状态递推单元对各窗口边界的反向状态度量进行估计。有一些研究提出，通过状态度量传播（State Metric Propagation）策略来初始化窗口边界的状态度量值并以此降低 SMAP 的计算资源的消耗，而这会造成一定的纠错性能损失。

XMAP 在一定程度上克服了 SMAP 所面临的计算与控制复杂度高的问题，它对 SISO 译码操作的调度方法在图 5-10 上半部分给出。不难发现 XMAP 不涉及子块数据的分窗口操作，也不需要在子块并行译码执行前预估各子块边界处的度量值。

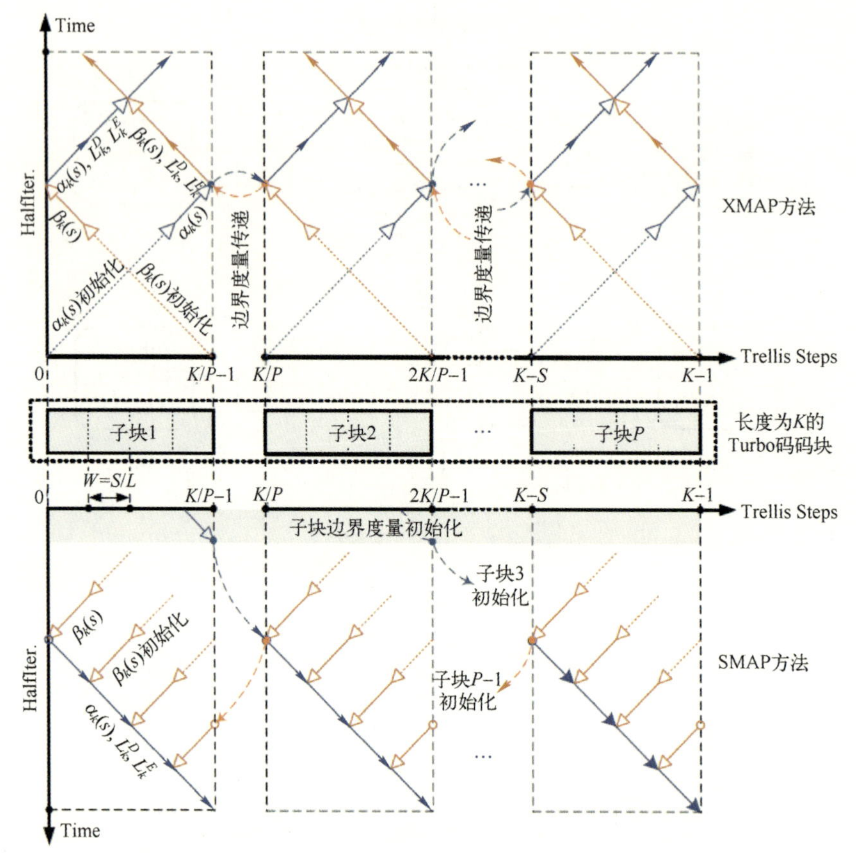

图 5-10 基于 SMAP 与 XMAP 方式的子块并行译码方法

5.1.2 无线自组网通信波形方案

自组网通信波形解决方案具体如下：FPGA 发送部分通过以太网 MII 接口接收上层发送过来的数据，再通过加扰、编码、导频加入等操作，将数据变换成适合射频输出的基带信号；FPGA 接收部分与发送部分是反向操作，经过 AGC、信道估计、解编码等操作，将射频信号解成数据信号，再通过以太网 MII 接口将数据上传给应用层；通过带宽与调制方式的设计，整个 FPGA 软件可实现大于 6Mb/s 的速率，为整个网络提供 1 路 4Mb/s 的高清视频和编队共享数据等信息的传输。其 PHY 层实现架构如图 5-11 所示。

通信波形业务帧的传输方式为 TDD 模式，其收与发状态由射频板的收发开关控制。其框架中的所有算法模块均可编程，保证其核心算法自主可控。该架构已在多个无人项目中得到应用，稳定性得到了很好的保证。

通信波形设计过程中考虑命令帧与数据帧应用不同，设计时采用两种不同的形式。命令帧采用最可靠方式，保证接收端最大可能的接收，而数据帧采用多种调制方式，可灵活地实现 6~24Mb/s 速率的要求。下面对架构图中比较重要的模块进行分析。

（1）卷积码与 BPSK 映射组合：是最可靠的传输方式，用于传输命令，接收端根据正确接收到的命令帧对后面的数据帧进行解析。

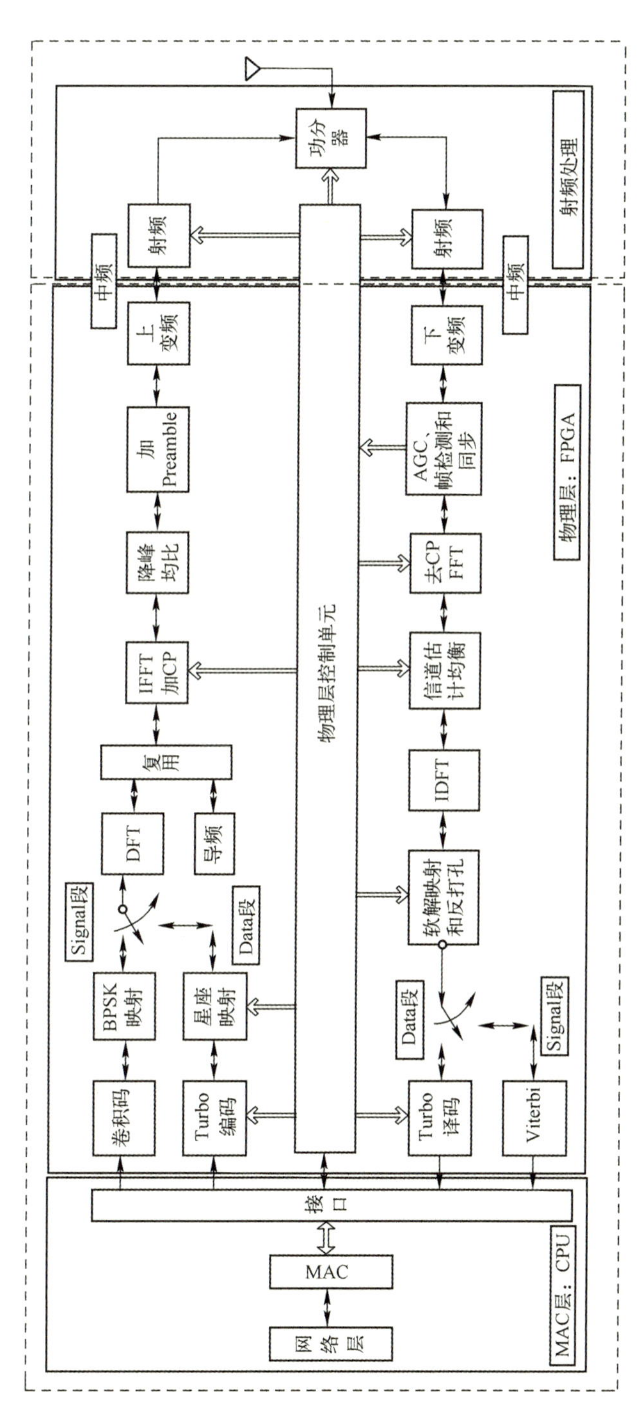

图 5-11　无线自组网通信波形实现架构图

（2）Turbo 码与可调星座映射组合：实现数据不同速率的传输，Turbo 码为 LTE 体制应用的编解码方式，其解码极限与香农极限非常接近，在设计过程中对 Turbo 码的缺点（延时）作了优化设计，加上编码后的不同删余与可调的星座映射，可实现 6~24Mb/s 的速率带宽。

（3）软解模块：在方案设计过程中考虑到接收灵敏度等方面问题，对编码进行软解，通过仿真可提高 2~3dB 的接收增益。

（4）降峰均比模块：多载波相对单载波而言，需考虑峰均比的问题，以 IEEE 802.11a 制为例，其峰均比可达到 9dBc（0.1%）左右，在方案设计时，其子载波比 IEEE 802.11a 体制要多，通过降峰均比模块，可将其控制在 7dBc（0.1%）左右。

（5）信道估计与均衡模块：校正设备在通信过程中出现的频率选择性衰落和时间选择性衰落。对产生的时间色散效应，采用帧前端加循环前缀处理方式，最大支持 32μs 的多径时延。对产生的频率色散效应，采用技术先进的抗频偏设计方案，最大支持 671.67Hz 的频偏。

1. 信道估计方案设计

在 OFDM 系统中，发射机将信息比特序列调制成 PSK/QAM 符号，然后对相应的符号执行 IFFT 将其变换成时域信号，最后通过一个无线信道将它们发射出去。接收的信号通常会受到信道特性的影响而失真。为了恢复比特信息，在接收机必须对信道进行估计和补偿。只要不发生载波间干扰（ICI），即能保持子载波之间的正交性，就能将每一个载波看作独立的信道。这种正交性使得接收信号的每个子载波分量可以被表示成发射信号与子载波的信道频率响应的乘积。因此，仅通过估计每个子载波的信道响应就可以恢复发送信号。

时变信道的冲击响应通常表示为离散的 FIR 滤波器：

$$h(\tau;t)=\sum_{n} a_n \mathrm{e}^{-\mathrm{j}2\pi f_c \tau_n(t)\delta(\tau-\tau_n(t))} \tag{5.1-21}$$

在具体应用中，可以认为信道在一个数据分组中保持不变，此时式（5.1-21）中可以去掉与时间相关的项，即

$$h(\tau)=\sum_{n} a_n \mathrm{e}^{-\mathrm{j}2\pi f_c \tau_n \delta(\tau-\tau_n)} \tag{5.1-22}$$

则信道的离散时间频率响应为

$$H_k=\mathrm{DFT}\{h_n\} \tag{5.1-23}$$

根据处理域的不同，信道估计有时域和频域之分，前者在接收端 DFT 变换之前进行，估计信道脉冲响应；而后者在 DFT 变换之后进行，估计信道频率响应。也可将两者结合，在时域、频域联合进行信道估计，以充分挖掘信号时域处理和频域处理各自的优点。本方案采取一种简便、高效的方法来估算信道的频率响应 H_k，即对每个数据符号进行信道估计与均衡。

接收端接收到的 OFDM 符号格式如图 5-12 所示。

从接收到的 OFDM 符号格式可知，在信道均衡过程中，利用接收到的训练符号对数据符号的信道进行信道均衡，对于发射端其训练符号和数据符号的发送时域和频域上的情况如图 5-13 所示。

训练符号	数据符号	数据符号	数据符号	数据符号	训练符号

图 5-12　OFDM 符号格式

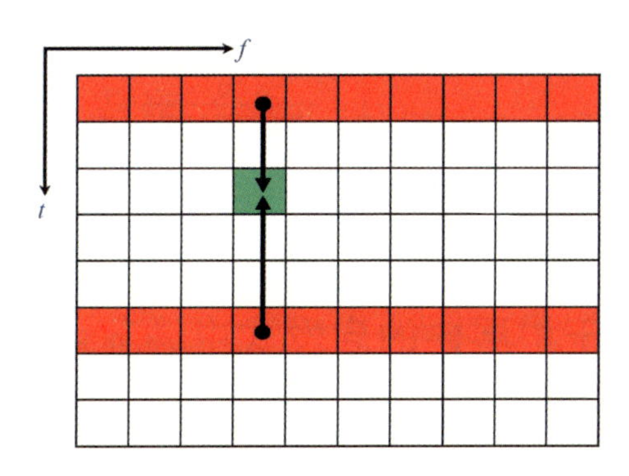

图 5-13　OFDM 时域和频域上的分布

从图 5-13 可以看出，本方案对于信道均衡部分的处理方法是在传输数据符号过程中周期性插入训练序列，再根据符号规则进行信道估计，即根据相邻的训练符号估计出中间四个数据符号的信道。其估计方法如图 5-14 所示。

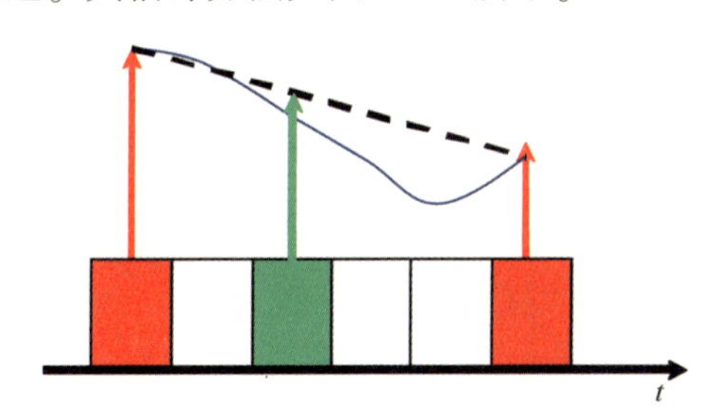

图 5-14　训练符号估计数据符号信道示意图

以此，便可估计出信道的响应以及对信道进行均衡处理。

2. 抗干扰方案设计

自组网通信链路是宽带通信链路，其抗干扰实现属于领域内的难点。抗干扰手段有主动与被动两类，主动抗干扰是采用跳频、跳时或扩频等方式主动增加干扰的难度，被动抗干扰是当前通信被干扰时采用躲避干扰的方式去规避干扰。这里采取被动抗干扰的方式加以解决，具体就是采用频谱感知技术。频谱感知模块通过周期性感知一定频带范围内频点，记录未受干扰的频点。当发现当前自组网链路中断满足一定的条件时，认为链路遭受了干扰，频谱感知模块从未受干扰频点中选取频点推荐给使用人员，由使用人员决策是否全网统一换频。使用人员确认全网统一换频时，抗干扰遥控链路向整个通信网络发送换频率的指令。

频谱感知模块主要用于检测环境频谱状况，功能单一，该模块位于地面站通信与数据分发设备内，采用 FPGA 实现。如图 5-15 所示，FPGA 接收射频下变频后的基带数据，通过 AGC 处理，计算链路的功率，再加上 AGC 调整个的功率便可得到整个链路功率，将得到的功率与频谱未占用下的功率进行对比，便可得到当前频谱是否已有设备使用，即实现了频谱感知功能。

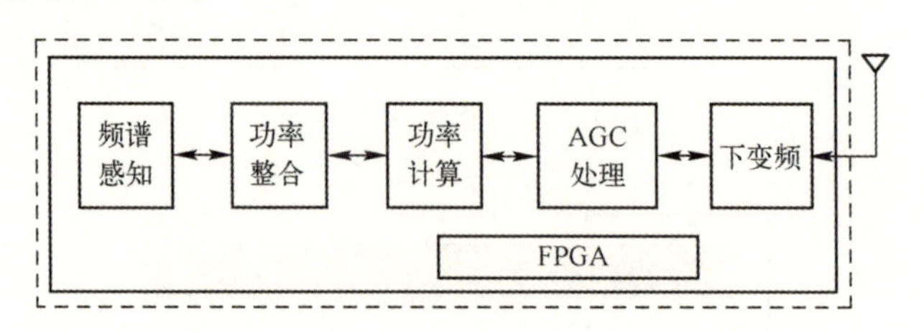

图 5-15　频谱感知模块 FPGA 实现方案

5.2　基于扩展树的启发式中继节点布设算法

考虑通信干扰环境地形的复杂性，为了解决遮挡环境下多个干扰分站之间以及干扰分站与导控终端之间的组网通信问题，需要布设一些中继节点，提高覆盖范围，项目研究中提出了一种基于中间节点扩展树的启发式中继节点布设方法。首先，利用 A＊算法搜索从导控终端到直线距离最近的干扰分站节点间路径，并根据视距通信原则在该路径上确定初始中间节点；其次，以 A＊路径最短为原则，逐步扩充中间节点，建立不同干扰分站与中间节点集合的连通性关系，生成以导控终端为根节点，干扰分站为叶子节点，通信中继站为中间节点的扩展生成树；最后，利用两种优化方法进一步优化中继节点的数量和位置。方法采用迭代扩展中间节点以建立根节点和叶子节点连通性关系的处理流程，提高了算法的执行效率，仿真实验验证了设计方法的正确性和时效性。

5.2.1　问题描述

由于环境障碍物的遮挡以及通信距离限制使得不同干扰分站与导控终端之间无法直接建立通信联络。此时，需要以工作环境与通信距离为约束条件，布设一系列中继节点，实现有效的通信联络，即为中继节点布设问题（Relay Node Placement，RNP）。

RNP 可以理解为生成一棵以基站（即导控终端）（Base Station，BS）为根节点，以目标站（即干扰分站）（Target Station，TS）为叶子节点，以中继站（Relay Station，RS）为中间节点的接力树（Relay Tree，RT），其规划的目标在于确定中继节点的数量和位置以满足某种标准（例如，距离和最短、连通度最多等）。已有研究成果证明 RNP 为 NP-hard 问题，因此很难找到最优解。

目前，对 RNP 的研究主要集中于无线传感器网络和多智能体协作领域。Cheng 等将 RNP 建模为带约束条件的 Steiner 最小树生成问题，并设计了两种近似解决算法。Kimenc 等将 RNP 转化为带权值的地域覆盖问题，并设计了一种多项式时间复杂度的启发式算法解决该问题，其优化的目的不在于中继节点数目最小，而在于部署的总体权值最小。Roh 等将 RNP 转化为最小最大化问题，并考虑了节点移动性的影响。Senel 等设计了一种仿生学启发算法，模仿蜘蛛结网来构建不同节点间的连通性，该方法在实现 RNP 的同时还能够提高侦测范围覆盖率。Ozkan 等将 RNP 转化为混合整数线性规划问题，并且设计了基于遗传算法和模拟退火算法的解决方法。Olsson 等和 Burdakov 等设计了基于接力链（Relay Chains）和接力树（Relay Tree）的单基站单目标站和单基站多目标站 RNP 解决方法，该方法通过启发式路径搜索建立基站和目标站的连接链路并通过节点位置局部优化改善中继节点布设效果，其采用的局部优化方法依据相邻节点拓扑关系对生成树进行扩展或消减，而中继节点集初始位置并不发生改变。Pei 等研究了通信距离约束条件下的多智能体协作未知环境探索问题，优化目标为地域探索耗时最小，其将问题划分为地域边界节点布设、中继节点布设、节点位置分配与路径产生四个子问题，并设计了不同的启发式方法解决这些子问题。

为了解决中继节点布设问题，设计了一种基于中间节点扩展树的视距通信启发式中继节点布设方法，模仿自然树木生长过程。首先以直线距离为标准判断距离基站最近的目标站，并生成控制终端和该目标站间的中继节点，其次以启发式搜索路径长度为标准逐步扩充中继节点，直到生成树包含所有目标节点为止，最后，以生成树节点间的公共照射区域为搜索空间优化中继节点的数量和位置以提高中继节点布设效果。

5.2.2 问题建模和基本处理流程

1. 问题建模

在已知环境中存在单个基站节点（即导控终端）（BSN）以及若干个目标站节点（即干扰分站）（TSN），干扰分站与导控终端通过组网通信路由实现侦察信息回传、控制指令下发、远程参数配置等功能。通信距离和环境遮挡障碍的限制使得基站节点和目标站节点间无法直接建立连通性，需要利用若干中间节点（RN）作为中继实现信息的接力传输，该场景如图 5-16 所示。

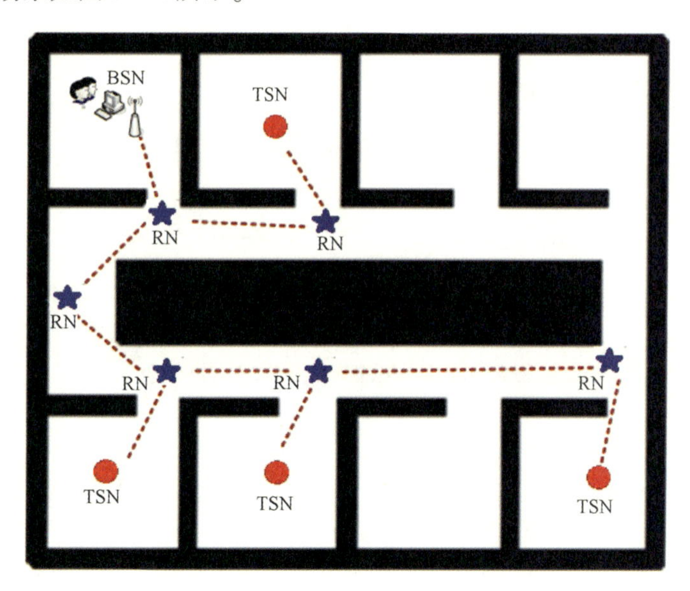

图 5-16　中继节点布设场景图

在该场景中，白色区域代表安全区域，黑色区域代表障碍区域，并且假设黑色区域对无线电信号具有阻挡作用，包括 1 个 BSN 和 4 个 TSN，为了建立 TSN 与 BSN 间的通信连通性，存在 6 个 RN 作为信号中继，相当于建立了一棵以 BSN 为根节点、4 个 TSN

为叶子节点、6 个 RN 为中间节点的生成树。

假设安全工作空间为 $X\subseteq\boldsymbol{R}^2$（图 5-23 白色非障碍物区域），已知固定点 BSN 所处状态为 $\boldsymbol{x}_0\in X$，m 个已知固定点 TSN 所处状态为 $T=\{\boldsymbol{t}_1,\boldsymbol{t}_2,\cdots,\boldsymbol{t}_m\}\in X$，中继节点 i 所处状态为 $\boldsymbol{x}_i\in X,i=1,2,\cdots,k$，两个相邻中继节点对 $\boldsymbol{x}_i,\boldsymbol{x}_{i+1}$ 所构成的线段为

$$[\boldsymbol{x}_i,\boldsymbol{x}_{i+1}]=\{\boldsymbol{x}\in\boldsymbol{R}^n:\boldsymbol{x}=\alpha\boldsymbol{x}_i+(1-\alpha)\boldsymbol{x}_{i+1},\alpha\in[0,1]\}\tag{5.2-1}$$

另外，为了满足视距通信要求，线段 $[\boldsymbol{x}_i,\boldsymbol{x}_{i+1}]$ 上任意一点 $\boldsymbol{x}\in[\boldsymbol{x}_i,\boldsymbol{x}_{i+1}]$ 应满足条件

$$\boldsymbol{x}\in X\tag{5.2-2}$$

即线段 $[\boldsymbol{x}_i,\boldsymbol{x}_{i+1}]$ 上任意一点 $\boldsymbol{x}$ 不经过障碍物。另外，线段 $[\boldsymbol{x}_i,\boldsymbol{x}_{i+1}]$ 还应满足

$$\|\boldsymbol{x}_{i+1}-\boldsymbol{x}_i\|\leqslant r\tag{5.2-3}$$

即两个相邻节点距离不大于通信半径 r。

接力链是以 $\boldsymbol{x}_0$ 为起点以某个目标站节点位置 $\boldsymbol{t}_i$ 为终点的一组位置序列 $[\boldsymbol{x}_0,\boldsymbol{x}_1,\cdots,\boldsymbol{x}_k,\boldsymbol{t}_i]$，设 $\boldsymbol{x}_{k+1}=\boldsymbol{t}_i$ 则接力链为 $[\boldsymbol{x}_0,\boldsymbol{x}_1,\cdots,\boldsymbol{x}_k,\boldsymbol{x}_{k+1}]$，其中 $\{\boldsymbol{x}_1,\boldsymbol{x}_2,\cdots,\boldsymbol{x}_k\}\subseteq X$，中继节点位置 $\boldsymbol{x}_i,i=1,2,\cdots,k$ 的前后两个相邻节点位置为 $\boldsymbol{x}_i^-$ 和 $\boldsymbol{x}_i^+$，并且 $(\boldsymbol{x}_i^-,\boldsymbol{x}_i)$ 和 $(\boldsymbol{x}_i,\boldsymbol{x}_i^+)$ 均满足约束式（5.2-2）和式（5.2-3），则中继节点位置 $\boldsymbol{x}_i$ 在接力链中的价值函数为

$$f_{\mathrm{RC}}(\boldsymbol{x}_i)=c(\boldsymbol{x}_i^-,\boldsymbol{x}_i)+c(\boldsymbol{x}_i,\boldsymbol{x}_i^+)\tag{5.2-4}$$

接力树为一系列接力链所构成的以 $\boldsymbol{x}_0$ 为根节点，以 $\{\boldsymbol{t}_1,\boldsymbol{t}_2,\cdots,\boldsymbol{t}_m\}$ 为叶子节点的树形结构，设该树形结构中的第 i 个中继节点位置为 $\boldsymbol{x}_i$，其邻域节点集合为 $N(\boldsymbol{x}_i)=\{\boldsymbol{x}_i^1,\boldsymbol{x}_i^2,\cdots,\boldsymbol{x}_i^{n_i}\}$，并且 $\boldsymbol{x}_i$ 与 $N(\boldsymbol{x}_i)$ 中任意元素 $\boldsymbol{x}_i^j,j=1,2,\cdots,n_i$ 所构成的节点对满足约束式（5.2-2）和式（5.2-3），则中继节点位置 $\boldsymbol{x}_i$ 在接力树中的价值函数为

$$f_{\mathrm{RT}}(\boldsymbol{x}_i)=\sum_{j=1}^{n_i}c(\boldsymbol{x}_i,\boldsymbol{x}_i^j)\tag{5.2-5}$$

则中继树生成问题的优化目标函数为

$$\min_{k\in\{0,1,2,\cdots\}}\left\{\min_{\boldsymbol{x}_1,\boldsymbol{x}_2,\cdots,\boldsymbol{x}_k\in\boldsymbol{R}^n}\sum_{i=1}^{k}f_{RT}(\boldsymbol{x}_i)\right\}\tag{5.2-6}$$

2. 基本处理流程

方法基本处理流程如图 5-17 所示。

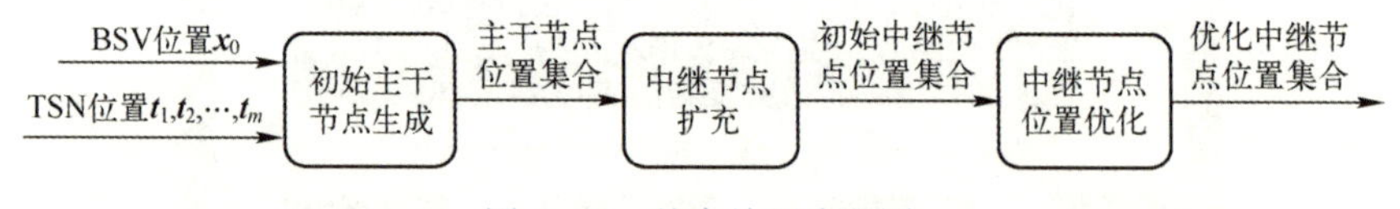

图 5-17　基本处理流程图

首先，确定 TSN 位置集合 $\{\boldsymbol{t}_1,\boldsymbol{t}_2,\cdots,\boldsymbol{t}_m\}$ 中和 BSN 位置 $\boldsymbol{x}_0$ 直线距离最近的 TSN 位置节点 $\boldsymbol{t}_{\mathrm{imax}}$，并利用 A * 搜索算法生成从 $\boldsymbol{x}_0$ 到 $\boldsymbol{t}_{\mathrm{imax}}$ 的路径，在此基础上，通过点集直线拟合确定路径上的直线段端点集合，根据通视原则进一步削减直线端点集合生成初始主干节点集合。其次，以初始主干节点集合为出发逐步扩充树分支直到其他 TSN 位置集合 $\{\boldsymbol{t}_1,\cdots,\boldsymbol{t}_{\mathrm{imax}-1},\boldsymbol{t}_{\mathrm{imax}+1},\cdots,\boldsymbol{t}_m\}$ 均成为生成树的叶子节点为止。最后，利用两种方法对内部节点进行优化确定最终中继节点数量和位置。

3. 初始主干节点生成方法

该部分的处理目的是生成从 $\boldsymbol{x}_0$ 到 $\{\boldsymbol{t}_1,\boldsymbol{t}_2,\cdots,\boldsymbol{t}_m\}$ 集合的初始中继节点链路，该链路

将作为后续树枝扩充的主干作为后续分支生成的起算数据。处理过程如图 5-18 所示。

Algorithm 1 [mainchain]=GenerationMainChain$\{x_0, t_1, t_2, \cdots, t_m\}$	
（1）确定$\{t_1, t_2, \cdots, t_m\}$中与$x_0$，直线距离最近的节点$t_{\text{imax}}$	
（2）apath=AStarSearch(x_0, t_{imax})	\\利用A*搜索生成x_0到t_{imax}的路径节点集合apath
（3）mainchain=RemoveCollinearNodes(apath, r)	\\剔除apath中的共线节点得到主干节点集合

图 5-18　算法 1 初始主干节点生成算法

算法首先找到$\{t_1, t_2, \cdots, t_m\}$集合中与 $\boldsymbol{x}_0$ 直线距离最短的节点 $\boldsymbol{t}_{\text{imax}}$，之后利用 A＊搜索算法得到从 $\boldsymbol{x}_0$ 到 $\boldsymbol{t}_{\text{imax}}$ 的路径节点集合 **apath**，后续中继节点位置将在 **apath** 中产生。为了提高中继节点的布设安全性，设计 A＊算法的启发函数如下：

$$f(\boldsymbol{a}_i)=g(\boldsymbol{a}_i)+h(\boldsymbol{a}_i)+b(\boldsymbol{a}_i) \tag{5.2-7}$$

其中，$\boldsymbol{a}_i$ 为栅格地图中的某一空闲位置；$g(\boldsymbol{a}_i)$为从 $\boldsymbol{x}_0$ 到 $\boldsymbol{a}_i$ 的移动代价；$h(\boldsymbol{a}_i)$为曼哈顿函数；$b(\boldsymbol{a}_i)$为以 $\boldsymbol{a}_i$ 为圆心的圆形区域内障碍像点数值，该圆的半径可以根据需要灵活选择。这样处理的优点在于所生成的路径节点将远离环境障碍物有利于中继节点的运行安全。当该圆半径为 6 时，搜索结果如图 5-19 所示。

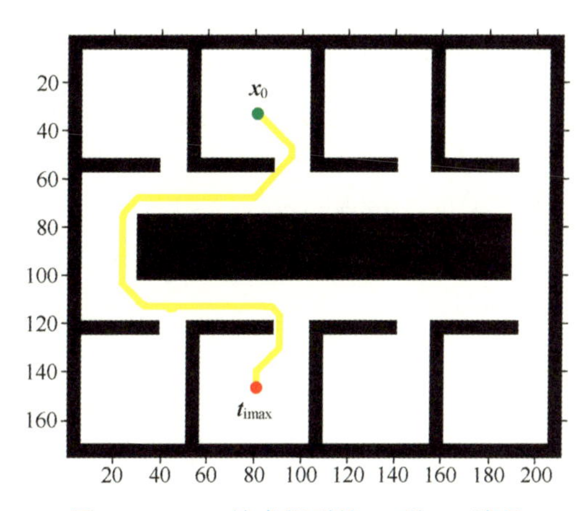

图 5-19　A＊搜索得到的 $\boldsymbol{x}_0$ 到 $\boldsymbol{t}_{\text{imax}}$ 路径

图中 $\boldsymbol{x}_0$ 位于上方绿色点位置，$\boldsymbol{t}_{\text{imax}}$ 位于下方红色点位置，利用 A＊搜索得到的路径为黄色点集，可以看出该点集远离障碍物。

在此基础上，采用 Split-and-Merge 点集直线提取方法并考虑中继节点的通信距离 r，可以得到 **apath** 对应的直线端点集合 **mainchain**，如图 5-20 所示。

该图中的红色点为直线端点集合提取结果，可见 **mainchain** 点集是利用 **apath** 集合进行直线拟合后得到的红色线段顶点，同时顶点间的距离不大于通信半径 r。

4. 中继节点扩充方法

当得到 **mainchain** 后下一步需要将剩余的目标站节点$\{\boldsymbol{t}_1, \cdots, \boldsymbol{t}_{\text{imax}-1}, \boldsymbol{t}_{\text{imax}+1}, \cdots, \boldsymbol{t}_m\}$逐步纳入生成树中，该过程实际是在 **mainchain** 基础上逐步扩充树分支直到所有目标站节

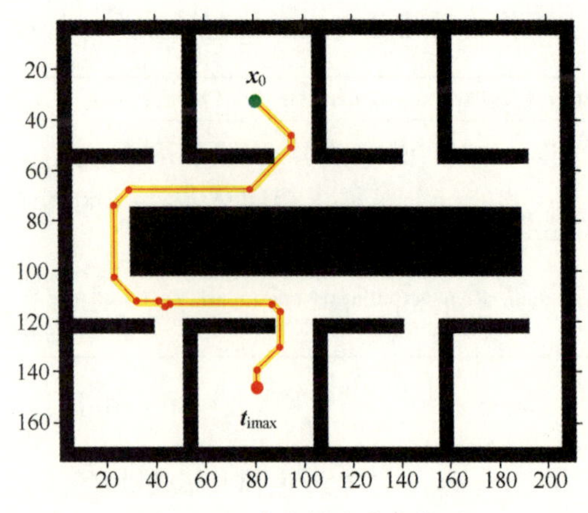

图 5-20　直线端点集合提取

点均变成生成树叶子节点的迭代处理过程。

首先，对单支主干节点 **mainchain** 进行扩充处理，确定每个叶子节点对应的主干节点，设 **branch** 为 m 个数组，每个数组存放对应第 $i(i=1,2,\cdots,m)$ 个 TSN 的生成树分支节点。该过程处理如图 5-21 所示。

Algorithm 2　[branch{1:m}]=SpanningMainChain(mainchain)	
(1) 初始化m个**branch**{1:m}=[];	\\用于存放不同叶子节点对应的树枝节点
(2) 初始化新加入节点数组**nN=mainchain**; 剩余叶子节点集合表**open**=[1:m];	\\每次A*路径距离计算只针对上一轮nN元素展开
(3) 初始化叶子的A*距离数组**dis**[imax]值为**mainchain**长度; **dis**[1:imax-1 imax+1:end]=无穷大值;	\\存放目前为止每个叶子节点到生成树的A*最短距离值
(4) **branch**{imax}=mainchain; **dis**[imax]=mainchain长度; 将imax从**open**表中剔除;	\\imax为直线距离最近目标节点序号
(5) **While(open**不为空**)do** 　**For(open**每个叶子i**)do** 　　确定叶子i与nN中j节点的A*路径最短，路径节点集为apath; 　　**branch**{i}=apath; 　　**dis**[i]=apath长度; 　寻找**open**表中**dis**值最小的元素imax; 　**branch**{imax}=**RemoveCollinearNodes(branch**{imax},**r)**; 　**nN=branch**{imax}; 　将imax从**open**表中剔除;	\\寻找open表中与已生成树节点最近的元素，将该元素从open表中删除，并把该元素对应的直线端点集合添加到生成树中

图 5-21　算法 2　主干节点扩充算法

算法设置 **open** 表存放目前还未被纳入扩展树的目标站叶子节点，**nN** 表用来存放最近一次添加到扩展树的新分支节点集合，**dis** 表用于存放所有目标站节点距离当前扩展树的最小 A * 路径距离值。由于初始主干节点已经生成，因此，首先将 imax 对应的目标站叶子节点从 **open** 表中删除并且更新 **nN** 和 **dis** 与 imax 相关的数值（第（1）到第

(4) 部分)。第 (5) 部分对 **open** 表中存在元素分别计算和 **nN** 中元素的 A∗最短路径，并将路径最短值和 **dis** 中的对应目标站叶子节点历史最短值比较以确定是否做更新操作。最后找出 **open** 表中距离已生成树最近的目标站叶子节点 imax 并将其对应的 A∗路径进行直线端点提取，进而更新 **branch** 和 **nN** 的相关元素，同时，将 imax 从 **open** 表中剔除。当 **open** 为空时，说明所有的目标站叶子节点均纳入到了生成树中，算法终止。

当环境存在 3 个目标站叶子节点时，算法的运行结果如图 5-22 所示。

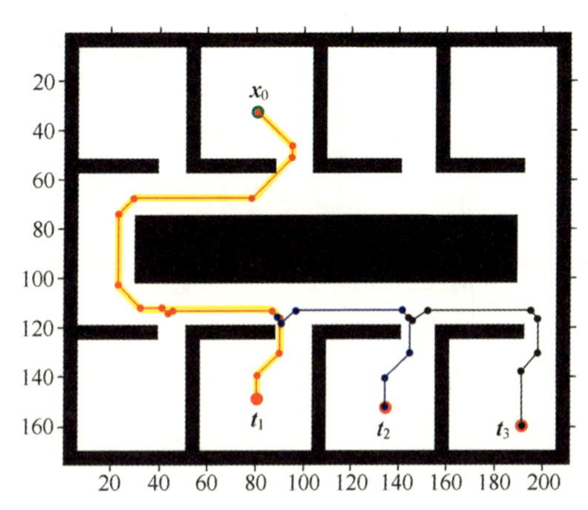

图 5-22　中继节点扩充结果

环境中存在$\{t_1,t_2,t_3\}$3 个目标站叶子节点，由于基站根节点 x_0 与 t_1 间的直线距离最短，因此首先生成的 **mainchain** 为图中红色圆点对应节点集。之后，主干节点集扩充了图中蓝色点集，使得 t_2 变成扩展树叶子。最后，黑色点集被扩充进树，使 t_3 成为扩展树叶子，此时，已经生成了以 x_0 为根节点、$\{t_1,t_2,t_3\}$为叶子节点的基本接力树。

5. 中继节点优化

从图 5-22 可见，尽管已经生成了基本接力树，但接力节点的数量和位置并不是最优，下面通过两种优化方法优化接力节点数量和位置。

(1) 通视原则接力节点数量优化。所谓通视原则是指，当两个基本生成树中的节点$(\boldsymbol{n}_i,\boldsymbol{n}_j)$间的连接线不经过障碍物并且满足

$$|\boldsymbol{n}_i\boldsymbol{n}_j|\leqslant r \tag{5.2-8}$$

$$\forall \boldsymbol{n}\in\{\boldsymbol{n}_{i+1},\cdots,\boldsymbol{n}_{j-1}\},\boldsymbol{n}\neq \textbf{Branch node} \tag{5.2-9}$$

此时，操作如下：

$$\begin{aligned}&\{\cdots,\boldsymbol{n}_{i-1}\boldsymbol{n}_i,\boldsymbol{n}_i\boldsymbol{n}_{i+1},\boldsymbol{n}_{i+1}\boldsymbol{n}_{i+2},\cdots,\boldsymbol{n}_{j-1}\boldsymbol{n}_j,\boldsymbol{n}_j\boldsymbol{n}_{j+1},\cdots\}\Rightarrow\\&\{\cdots,\boldsymbol{n}_{i-1}\boldsymbol{n}_i,\boldsymbol{n}_i\boldsymbol{n}_j,\boldsymbol{n}_j\boldsymbol{n}_{j+1},\cdots\}\end{aligned} \tag{5.2-10}$$

也就是说，当两个节点直线距离小于通信半径，并且在两个节点间的其他节点不存在树分支根节点时，直接建立$(\boldsymbol{n}_i,\boldsymbol{n}_j)$连接把$(\boldsymbol{n}_i,\boldsymbol{n}_j)$间的其他节点剔除。

但是，如果$(\boldsymbol{n}_i,\boldsymbol{n}_j)$间存在树分支节点 $\boldsymbol{n}_k^r$，则操作如下：

$$\begin{aligned}&\{\cdots,\boldsymbol{n}_i\boldsymbol{n}_{i+1},\cdots,\boldsymbol{n}_k^r\boldsymbol{n}_{k+1},\cdots,\boldsymbol{n}_{j-1}\boldsymbol{n}_j,\cdots\}\Rightarrow\\&\{\cdots,\boldsymbol{n}_i\boldsymbol{n}_k^r,\boldsymbol{n}_k^r\boldsymbol{n}_j,\cdots\}\end{aligned} \tag{5.2-11}$$

也就是说，不能删除 $\boldsymbol{n}_k^r$，而是将 $\boldsymbol{n}_i$ 和 $\boldsymbol{n}_k^r$ 间，以及 $\boldsymbol{n}_k^r$ 和 $\boldsymbol{n}_j$ 间的其他节点剔除，建

立$(\boldsymbol{n}_i,\boldsymbol{n}_k^r)$以及$(\boldsymbol{n}_k^r,\boldsymbol{n}_j)$的连接。

利用通视原则接力节点数量优化结果对比结果，如图 5-23 所示。

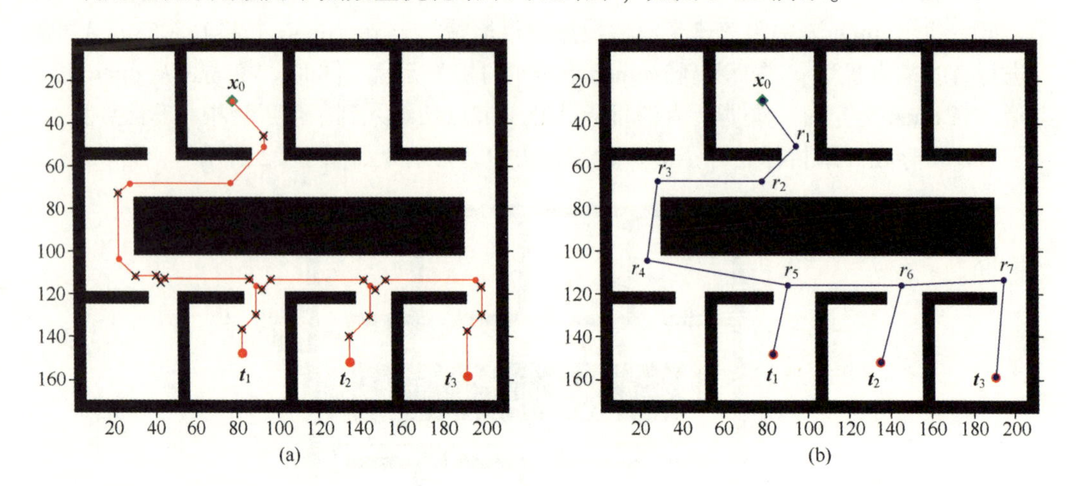

图 5-23 通视原则接力节点数量优化结果对比图

（a）优化前中继节点分布情况图；（b）优化后中继节点分布情况图。

图 5-23（a）为优化前中继节点位置分布，图 5-23（b）为优化后中继节点位置分布。图 5-23（a）中黑色叉号对应的节点是被剔除的节点，通过两图对比可知，多余节点均被剔除。

（2）公共照射区接力节点优化。从图 5-23 可见，中继节点的数目以及位置均可以得到进一步改善，例如，$\boldsymbol{x}_0$ 和 r_3 存在公共照射区，因此 r_1 和 r_2 能够在公共照射区中合并成为一个节点。下面介绍基于公共照射区的接力节点优化。

所谓公共照射区（Visibility Overlap Region，VOR）是指两个通信节点通信范围的重合区域，VOR 由通信节点所处位置以及通信半径决定，如图 5-24 所示，其中 VOR1、VOR2 分别是节点 1 与 2，节点 3 与 4 的公共照射区。

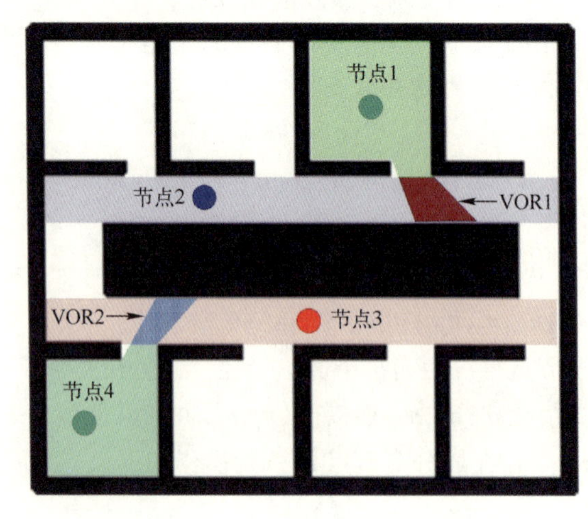

图 5-24 公共照射区示意图

存在公共照射区的一组节点可以利用一个接力节点实现连通性建立，而接力节点在公共照射区中的位置需要进行优化，优化目标有以下几点原则：

一是安全原则，接力节点的位置应该尽量远离障碍物。

二是通信距离小原则，接力节点应该尽量保持在前、后节点的中间位置并且与前后节点的距离和尽量小，以提高通信质量。

三是通信路径远离障碍原则，接力节点与前、后节点的连接直线段应该尽量远离障碍物，防止接力节点位置偏差导致的通信信号被挡问题。

假设 $V(n_1,n_2,\cdots,n_m)$ 为节点 $n_1,n_2,\cdots,n_m$ 对应的公共照射区域位置点集合，$p_i\in V$ 为该集合中的位置点，则 p_i 点的价值函数 $M(p_i)$ 计算公式为

$$M_1 = |V\cap V_{p_i}| \tag{5.2-12}$$

$$M_2 = \sum_{i=1}^{m}\text{dis}(p_in_j) + \left(\sum_{k=1}^{m}\left(\left(\sum_{j=1}^{m}\text{dis}(p_in_j)\right)/m - \text{dis}(p_in_j)\right)\right)/m \tag{5.2-13}$$

$$M_3 = A-\min(\text{dis}(o_1,p_in_1),\cdots,\text{dis}(o_m,p_in_m)) \tag{5.2-14}$$

$$M(p_i) = a_1M_1+a_2M_2+a_3M_3 \tag{5.2-15}$$

其中，V 代表公共照射区范围；V_{p_i} 代表以 p_i 为圆心的邻域圆范围；M_1 表示两个区域的交集区域像素点的个数，M_1 值越小代表 p_i 越靠近 V 中心；M_2 值越小代表 p_i 到节点距离和越小，同时保证 p_i 不会过度靠近某一个节点；$\text{dis}(o_k,p_in_k)$ 表示连接 p_i,n_k 直线的直线距离最近障碍物的距离；A 为恒值；M_3 值越小代表 p_i 与节点连接直线越远离障碍物；a_1,a_2,a_3 为归一化加权系数。

利用以上方法得到的公共照射区域不同点的价值分布如图 5-25 所示。

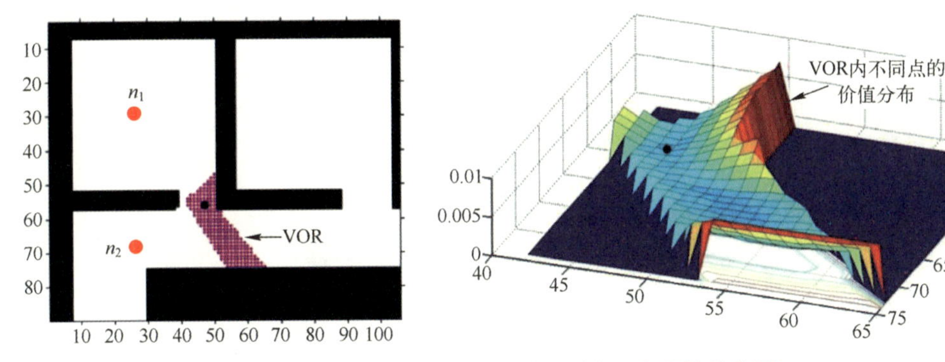

图 5-25　公共照射区域不同位置点价值分布图

图 5-25 左图中洋红色区域为节点 n_1、n_2 对应的公共照射区域，右图为公共照射区域中不同点对应的价值分布。从该图可见，值最小的黑点位于公共照射区域内部位置，能够满足前述三点优化原则。

最后，利用算法 3 所描述的过程对中继节点位置和数量进行优化，如图 5-26 所示。

由于节点合并涉及同层元素合并和不同层元素合并两方面，因此算法首先利用广度优先搜索进行同层接力节点优化，之后利用深度优先算法进行第二次多层接力节点合并，最终产生优化节点集合。利用该方法得到的节点优化结果如图 5-27 所示。

图 5-27 中蓝色点为优化前接力节点分布，红色点为优化后接力节点分布，从图可见节点数从原先的 7 个减少为 6 个，并且节点位置也符合优化原则。

Algorithm 3 [NT]=optimizingtree(T)

（1）对T进行广度优先搜索，对于同一层两个元素若它们的上下层所有元素存在VOR，则将这两个元素替代为VOR中价值最高的节点，并把原先两个元素的所有上下层元素与新节点连接，直到所有目标站叶子节点均被搜索为止，此时得到T1;	\\广度优先搜索合并接力节点
（2）对T2进行深度搜索，对于不同层两个元素，如果它们以及中间层元素的所有下层元素间存在VOR，则将这两层元素间的所有层元素替代为VOR中价值最高的节点，并把原先两个元素与新节点连接，直到所有目标站叶子节点均被搜索为止，此时得到NT；	\\深度优先搜索合并接力节点

图 5-26　算法 3　公共照射区优化算法

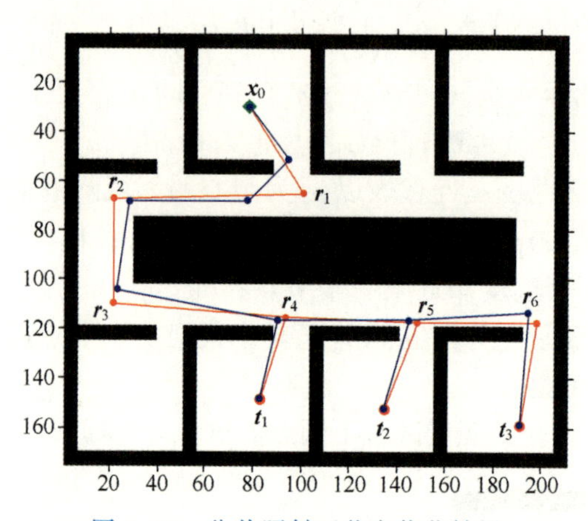

图 5-27　公共照射区节点优化结果

5.2.3　仿真实验结果及分析

仿真实验场景为非结构环境，如图 5-28 所示。

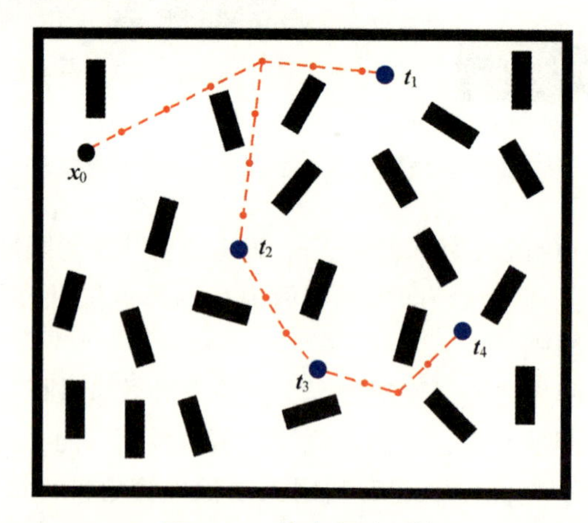

图 5-28　仿真实验环境

场景环境大小为 500×500，环境障碍物块形状相同（60×20）且数量为 N，目标节点数量为 M，基站节点为 1 个且位置固定，障碍物块和目标节点的初始位姿随机分布。

实验在个人计算机上进行，其 CPU 主频为 2.5GHz，内存为 4GB。将设计方法和 Steinerized Minimum Spanning Tree（SMST）算法以及 SMTMSP 进行对比实验。

在存在 20 个障碍物且分布不变情况下，当通信半径为 10，目标节点个数变化时，50 次实验得到的结果如图 5-29 所示。

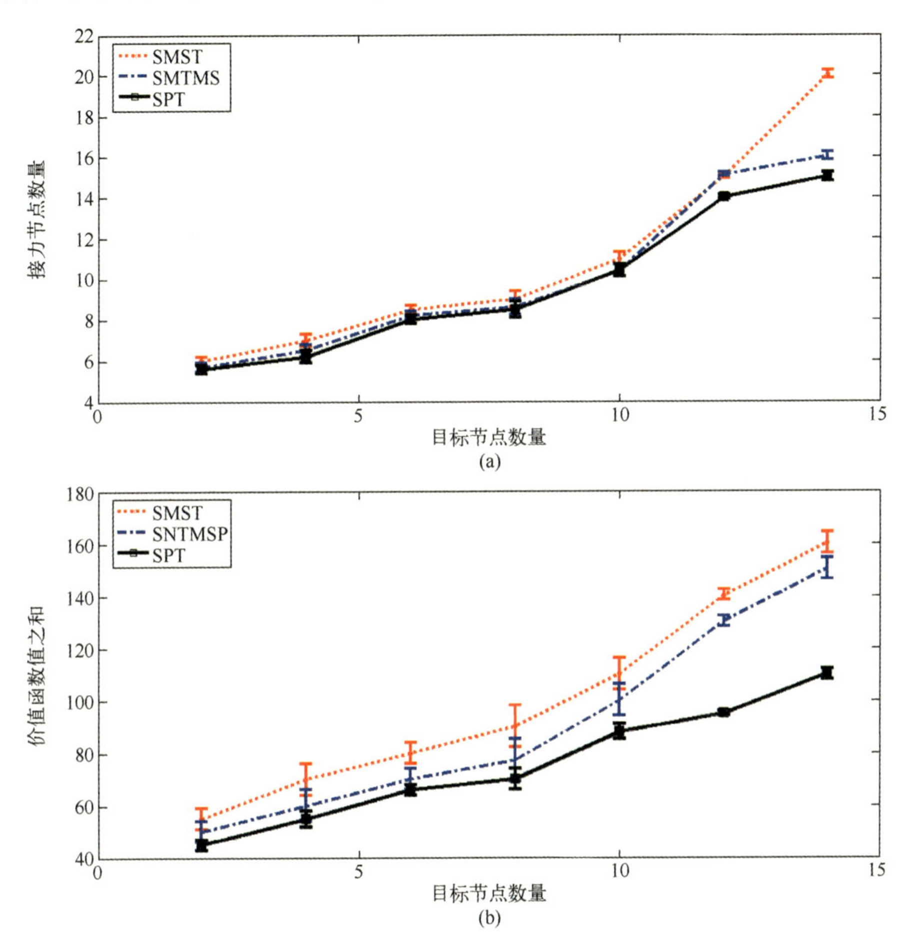

图 5-29　环境不变目标节点数目变化结果对比图
（a）接力节点个数对比图；（b）接力节点总价值对比图。

从图 5-29（a）可见，相比较已有算法，SPT 方法能够得到较少的接力节点数量。另外，图 5-29（b）中的价值函数数值之和是利用式（5.2-15）得到的数值之和，可以看出 SPT 方法的总体价值小于已有方法，说明按照项目所提规定价值函数 SPT 节点布设的效果优于已存在的方法。

在存在 10 个目标节点且分布不变情况下，当障碍物数量变化时，得到的结果如图 5-30 所示。

从图 5-30（a）可见，当障碍物数量小于 35 时，SPT 节点布设效果优于已有方法，但当障碍物数目继续增大时，由于环境范围有限，造成障碍分布过于拥挤，此时 SPT 节点数量与已有方法趋于一致，同样，图 5-30（b）所反映的节点总体价值也存在类似的趋势。由上述实验可知，当环境变得复杂时，节点布设方法的有效性趋于一致。

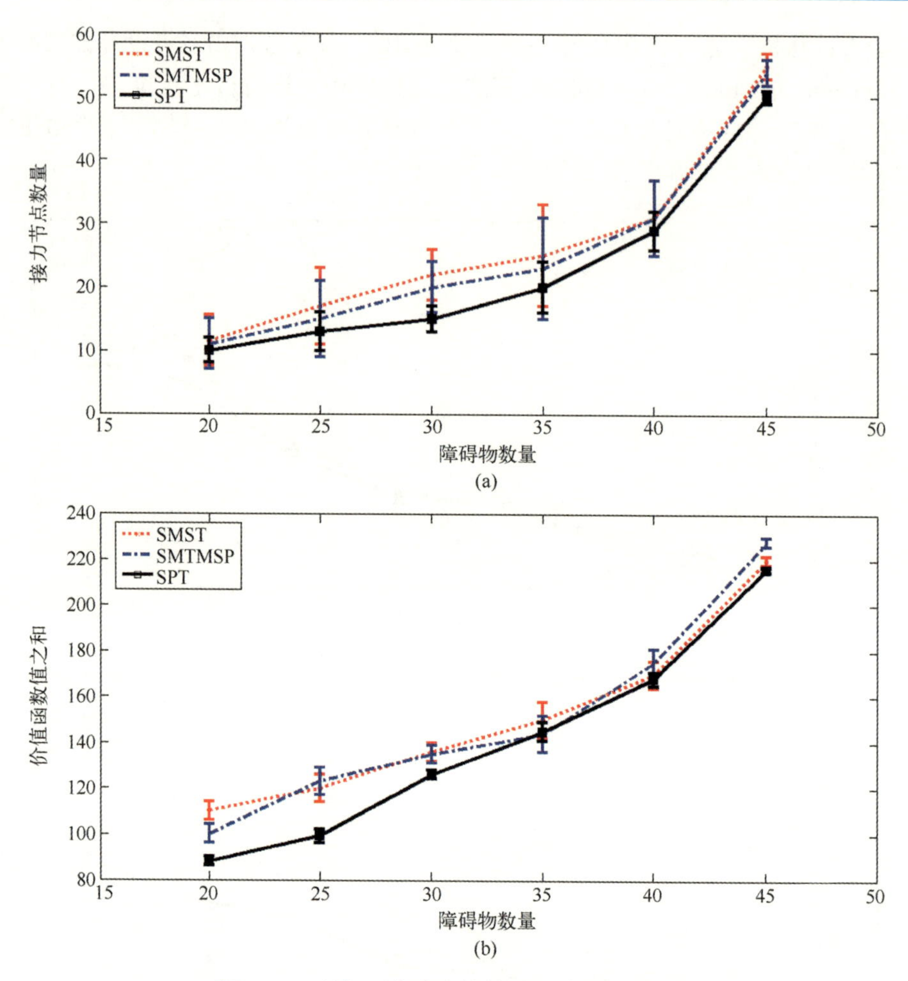

图 5-30　目标不变障碍物数目变化结果对比图

（a）接力节点个数对比图；（b）接力节点总价值对比图。

因此，项目研究中为了解决视距通信背景下多个通信节点间连通性建立问题，提出了一种启发式中间节点扩充生成树方法。该方法将中继节点数量和位置优化过程分解为三个阶段：

（1）初始主干节点生成环节。

（2）中继节点扩充环节。

（3）中继节点位置优化环节。

该过程模仿自然树木的生长过程，以主干为支架逐步扩展中继树，直到包含所有目标站节点，并通过两次优化环节再次优化中继树结构。仿真实验验证了设计方法的有效性。

第 6 章　多链路通信兼容技术

空地联合分布式通信干扰系统包含比较复杂的发射和接收链路，其中有空中干扰载荷和地面干扰设备的发射和侦测链路，同时有组网通信发射和接收链路，以及空中平台的控制链路和信号传输链路。其中空中平台的遥控和数传链路、组网通信模块的发射和接收链路要求实时传输，如果多收发链路通信兼容处理不好，则会造成这些链路无法正常工作，还有可能引起接收通道的自激，造成设备损坏。目前，多收发链路通信兼容主要采用收发隔离技术实现，关于同频信号隔离技术和非同频信号的隔离技术方法研究都比较多，但对于空地联合分布式通信干扰系统中多链路通信兼容的特点，任何单一的隔离方法都不能满足系统的要求，需要综合采用多种隔离技术。

本章首先针对空地联合分布式通信干扰系统中涉及的多链路收发通信兼容问题，从干扰与抗干扰的基本理论出发，分析空间隔离、时间隔离、极化隔离、频率隔离、自适应对消隔离等各种隔离方式的优缺点以及可行性，以及猝发通信、扩频通信等各种抗干扰通信的优缺点，结合滤波等各种方式，为多收发链路通信兼容技术的研究提供理论和技术支撑。而后根据理论分析的结论，选择合适的隔离、滤波和抗干扰通信方式，结合实际测试结果与理论分析进行对比，优化通信兼容方案。

6.1　多收发链路的干扰和抗干扰理论分析

空地联合的复杂电磁环境的单元组成主要分为空中干扰载荷、地面干扰设备和地面控制中心三大部分。空中干扰载荷和地面干扰设备的功能模块又可分为干扰模块（发射与侦收），定位模块（GPS 与北斗），遥控与数传模块（发射与接收）。地面控制中心与地面干扰设备采用有线网口通信方式，抗干扰能力较强，可通过网线屏蔽的方式将隔离做到最佳。空中干扰载荷与地面干扰设备之间的互扰、空中干扰载荷之间的互扰以及干扰设备各模块之间的互扰是研究的重点。

空地联合的复杂电磁环境如图 6-1 所示。

6.1.1　多收发链路干扰和抗干扰的构成

根据图 6-1 所示空地联合的复杂电磁环境框图，可以提取出空地联合分布式通信干扰系统多收发链路干扰和抗干扰的构成，如图 6-2 所示。

（1）总链路构成。该系统收发链路主要由三大模块共 5 大链路构成。

① 干扰模块：发射与接收电路。

② 定位模块：接收链路。

③ 遥控数传模块：发射与接收链路。

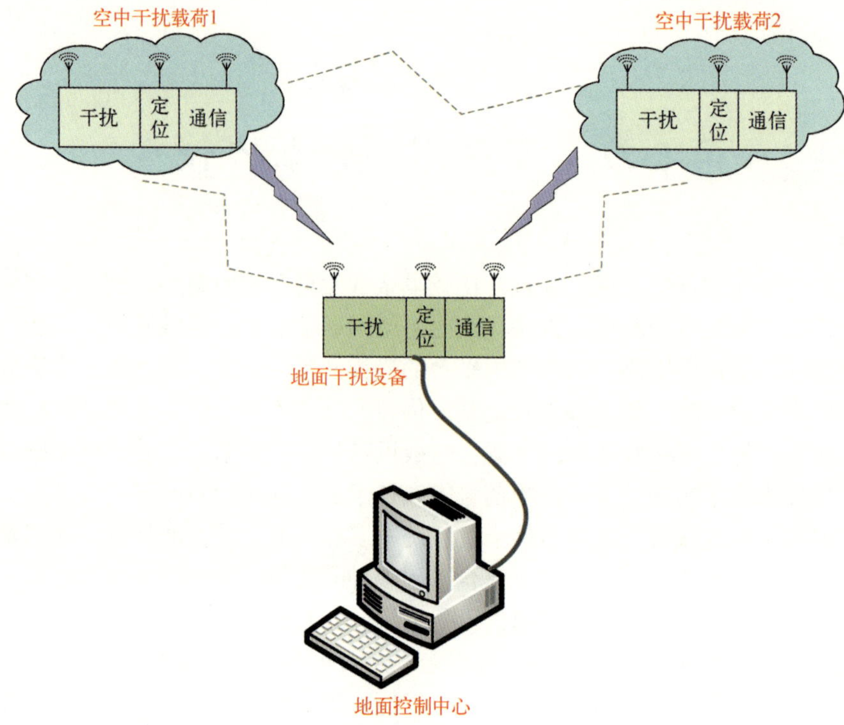

图 6-1　空地联合的复杂电磁环境框图

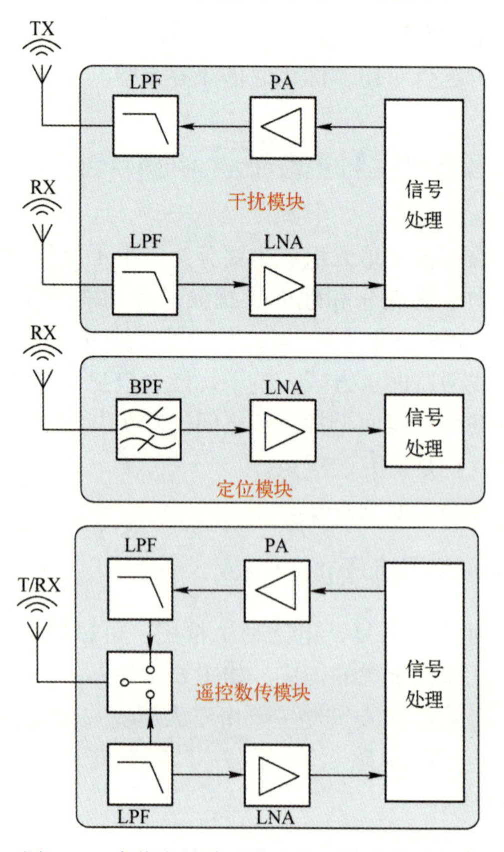

图 6-2　多收发链路干扰和抗干扰的构成框图

（2）干扰源。该系统有两个干扰源。

① 干扰模块发射信号。

② 遥控数传模块信号发射链路。

（3）抗干扰链路。该系统有三个抗干扰链路。

① 干扰模块接收链路。

② 遥控数传模块接收链路。

③ 定位模块接收链路。

6.1.2 系统应用场景

为了更好地分析各种应用场景下复杂电磁环境的构成，研究各种复杂电磁环境下干扰和抗干扰的技术需求，根据系统构建的背景，对以下场景进行深入分析。

（1）空中干扰载荷与地面干扰设备之间的互扰场景，如图 6-3 所示。

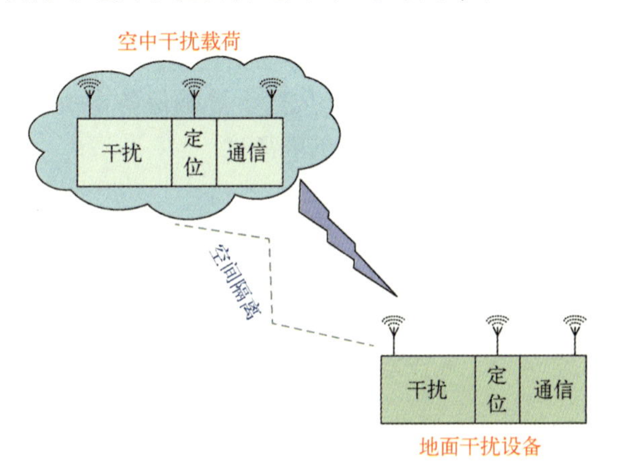

图 6-3 空中干扰载荷与地面干扰设备之间的互扰场景

（2）空中干扰载荷与空中干扰载荷之间的互扰场景，如图 6-4 所示。

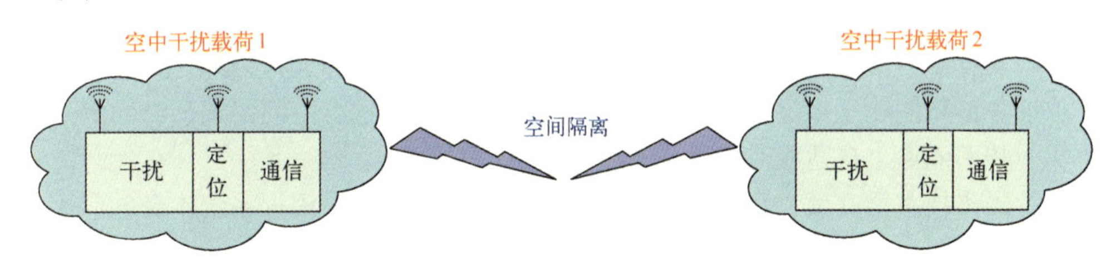

图 6-4 空中干扰载荷与空中干扰载荷之间的互扰场景

（3）空中干扰载荷/地面干扰设备上的定位（GPS/北斗）信号、干扰机的收发信号、遥控与数传通信收发信号的互扰场景，如图 6-5 所示。

空中干扰载荷与地面干扰设备之间的互扰场景和空中干扰载荷与地面干扰设备之间的互扰场景均有一定的空间隔离，根据系统设计要求，各设备间的空间距离大于或等于 100m。按照自由空间损耗计算，在距离 100m、频率为 1400MHz（遥控数传预设频段）处的自由空间损耗为

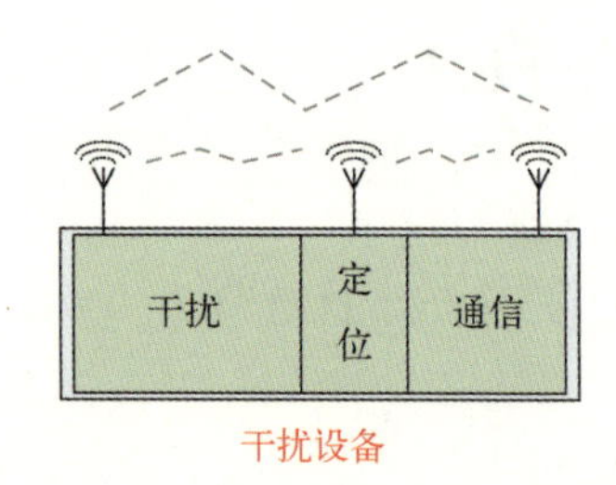

图 6-5　空中干扰载荷/地面干扰设备各模块间的互扰场景

$$L_s = 20\log F + 20\log D + 32.45 \approx 75(\mathrm{dB})$$

其中，F 的单位为 MHz，D 的单位为 km。

空中干扰载荷/地面干扰设备上的定位（GPS/北斗）信号、干扰机的收发信号、遥控与数传通信收发信号的互扰场景是三个场景中干扰和抗干扰最严重的场景。

空中干扰载荷/地面干扰设备上的定位模块、干扰模块和遥控数传模块集成在一台整机上，位置紧凑，天线布局较近，无法获取更好的空间隔离。实际验证性测试天线之间的隔离只有 25dB 左右，存在严重的互扰风险，要确保各模块独立工作不受影响，需要采用多种隔离技术相结合提高链路之间的隔离度。

具体技术实现需要关注的技术点有：

（1）干扰模块的二次谐波，会落到定位模块和遥控数传模块接收链路中，影响其接收灵敏度。可采用频分、时分、干扰模块输出端加滤波器的隔离方法实现。

（2）定位模块与遥控数传模块的频率间隔不会有太大余量，1～3GHz 频段内需要避开移动通信、专网通信工作频率，所以能选择的频率较少，可采用时分和频分提高隔离度。

6.2　多收发链路通信兼容方法

6.2.1　隔离方法

多收发链路通信兼容方法本质上就是通过各种技术手段增加多收发链路之间的隔离，保证各链路能独立稳定工作。目前业内主要的隔离技术有空间隔离、时间隔离、极化隔离、频率隔离、自适应对消隔离等。

各种隔离技术均有其自身的特征，使用哪种隔离技术，需根据系统本身的应用条件进行选择。各隔离技术的实现原理如下。

（1）空间隔离：增加收发天线的相对位置，尽量拉开间距，增加无线信号在空间传输的损耗；或者采用某种介质材料加大传输损耗，达到增加收发隔离度的目的。

（2）时间隔离：收发采用分时工作的方式，通过对收发链路工作时序的控制，实现接收时不发射、发射时不接收，达到增加收发隔离度的目的。

（3）极化隔离：极化是描述电磁波特性的一种参数，利用接收和发射天线的极化正交特性，减少收发天线的耦合，达到增加收发隔离度的目的。

（4）频率隔离：发射和接收的频率分开，并保持一定的频率间隔，采用滤波器、双工器等方式，对发射信号进行抑制，达到增加收发隔离度的目的。

自适应抵消隔离：接收端产生与发射信号频率一致、幅度相等、相位相差 180°的信号，用该信号与发射信号叠加抵消，达到增加收发隔离度的目的。

为了更直观地区分各隔离技术的特点，选择合适的隔离技术应用在空地联合分布式通信干扰系统中。几种典型的隔离技术的优缺点如表 6-1 所示。

表 6-1　隔离技术优缺点总结列表

技术名称	优　点	缺　点	适用场景
空间隔离	隔离度与距离成正比	收发天线距离远，不适合集成	收发天线可拉远的通信制式
时间隔离	隔离度最高	信号不能实时传输	无实时传输要求的通信制式
极化隔离	隔离度一般在 30~50dB	对天线的相对角度有较高要求	天线位置和角度固定的场景
频率隔离	隔离度较高，与保护带宽相关	频率资源利用率不高	对频率资源利用率无要求
自适应对消隔离	隔离度较高，与算法相关	实现难度较其他隔离方式大	收发频率相同，收发同时

6.2.2 隔离实现

1. 关键技术指标

(1) 干扰模块关键指标，如表 6-2 所示。

表 6-2　干扰模块关键指标列表

序　号	名　称	规　格	备　注
1	工作频率	30~1000MHz	
2	发射功率	(43±1) dBm	
2	接收灵敏度	≤-90dBm	

(2) 定位模块关键指标，如表 6-3 所示。

表 6-3　定位模块关键指标列表

序　号	名　称	规　格	备　注
1	工作频率	GPS：(1575.42±1.023) MHz 北斗：1559.052~1591.788MHz	B1 B1
2	接收灵敏度	GPS：≤-145dBm (冷启动) 北斗：≤-127.6dBm	B1 B1

(3) 遥控数传模块关键指标，如表 6-4 所示。

表 6-4　遥控数传模块关键指标列表

序　号	名　称	规　格	备　注
1	工作频率	(1500±10) MHz	
2	发射功率	(30±1) dBm	
3	接收灵敏度	≤-90dBm	

2. 隔离度分析

(1) GPS/北斗定位模块接收链路抗干扰隔离度分析。

① 预置条件。

GPS 工作频率:(1575.42±1.023)MHz。

北斗工作频率:1559~1591MHz。

GPS 接收灵敏度:≤-145dBm(冷启动)。

北斗接收灵敏度:≤-127.6dBm。

定位模块天线增益:3dBi。

GPS/北斗定位模块无须一直工作。

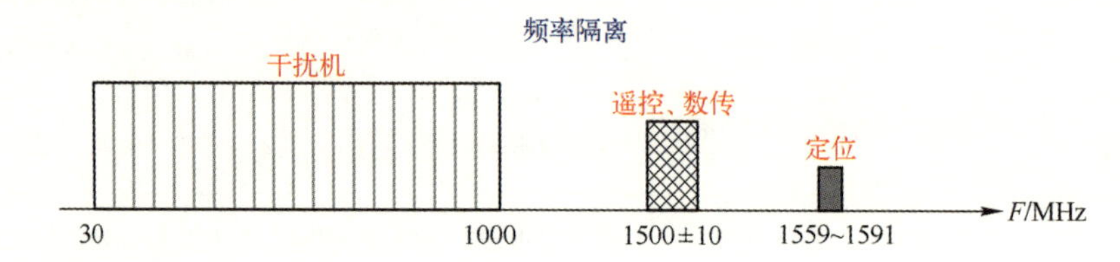

② 干扰源。

遥控和数传发射频率为(1500±10)MHz。发射功率为30dBm。天线增益为3dBi。

干扰模块的二次谐波频率为1000~2000MHz,发射功率为33dBm,天线增益为0dBi。

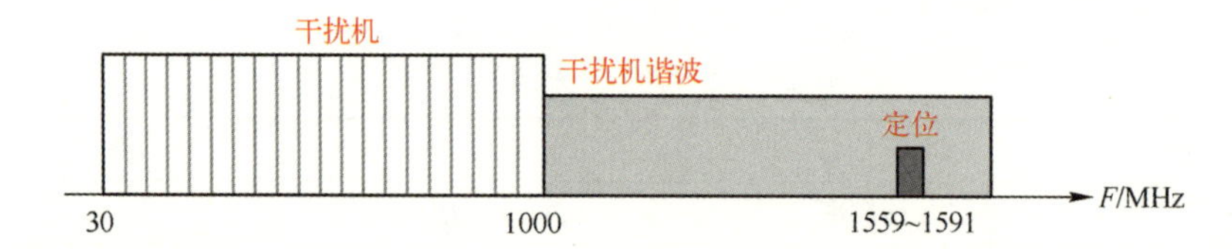

③ 理论分析。

干扰模块的二次谐波频率为1000~2000MHz,直接落到GPS/北斗的接收频带内,需要在干扰模块发射输出端增加滤波器,用来抑制功放的谐波功率。因布局物理空间限制,干扰模块天线与定位模块天线距离较近,实际测量的距离为60dB(采用极化隔离+空间隔离)。

干扰模块发射链路对定位模块接收链路的隔离计算:

隔离度=33(干扰模块二次谐波功率)+0(干扰模块天线增益)-60(空间隔离)+3(定位模块天线增益)-[(-145)(GPS 模块接收灵敏度)]-5(信噪比)=126dB。

遥控数传模块与定位模块的虽然工作频率有区别,但保护带宽只有50MHz,声表滤波器的抑制在50dB左右。

遥控数传模块泄漏至定位模块接收端的功率:

P_{in}=30(遥控数传模块发射功率)+3(遥控数传模块天线增益)-60(空间隔离)+3(定位模块天线增益)=-24dBm,加上声表滤波器50dB的抑制,干扰信号的幅度为-74dBm,会直接降低定位模块的接收信噪比,导致接收灵敏度恶化。

④ 技术实现方案设计。

126dB的高抑制的滤波器实现难度较大,即便采用多级滤波器,带来的插损预计在

1~2dB，直接影响干扰模块的输出功率和效率。

遥控数传模块的信号泄漏到定位模块接收链路的信号为-74dBm，会恶化定位模块的接收灵敏度。

综合考虑，定位模块与干扰模块、遥控数传模块采用分时工作的方式，以保证定位模块的接收性能不受影响。定位模块与干扰模块、遥控数传模块总共采用了空间隔离、时间隔离、极化隔离和频率隔离 4 种隔离技术。

（2）遥控和数传接收链路抗干扰隔离度分析。

① 预置条件。

遥控和数传接收频率：1500MHz。

遥控和数传接收灵敏度：≤-90dBm。

遥控数传模块需一直工作。

② 干扰源。

干扰模块的二次谐波频率：1000~2000MHz。

干扰模块的二次谐波功率：33dBm。

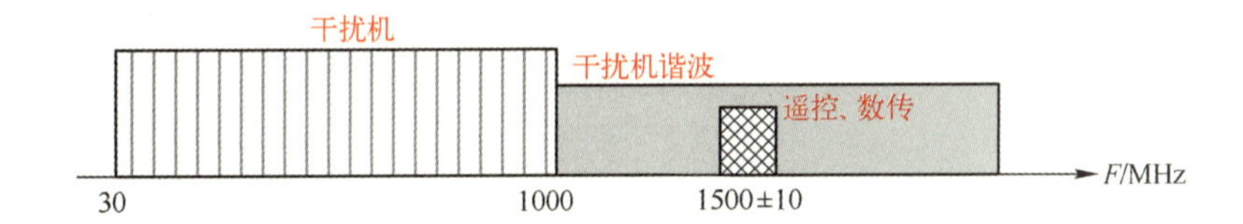

③ 理论分析。

由于干扰模块的谐波频率会直接落到遥测数传的接收频带内，因此需要在干扰模块发射输出端增加滤波器，用来抑制功放的谐波功率。因布局物理空间限制，干扰模块天线与遥控数传模块天线距离较近，实际测量的隔离为 60dB（采用极化隔离+空间隔离）。

干扰模块发射链路对遥控数传模块接收链路的隔离计算：

隔离度=33(干扰模块二次谐波功率)+0(干扰模块天线增益)-60(空间隔离)+3(定位模块天线增益)-[(-90)(GPS 模块接收灵敏度)]-5(信噪比)= 71dB。

④ 技术实现方案设计

由于遥控和数传模块需一直工作，所以最好的方案是在功放输出端增加滤波器，对功放二次谐波进行抑制，以提高干扰模块发射链路与遥控和数传模块接收链路的隔离度。根据遥控和数传模块的工作频率（1500MHz），干扰模块发射输出端滤波器对 1500M 处的抑制需满足大于 71dB 的条件，以确保遥控和数传模块接收链路的性能不受影响。

根据需求，干扰模块输出滤波器采用 2 级 5 阶椭圆滤波器串联的架构实现，其原理如图 6-6 所示，仿真参数如图 6-7 所示。实际仿真的 30~1000MHz 低通滤波器在 1500MHz 处的抑制可达 97dB，满足系统要求。

综合以上分析，遥控和数传模块与干扰模块采用空间隔离、极化隔离和增加高抑制滤波器的方式实现多收发链路通信兼容。

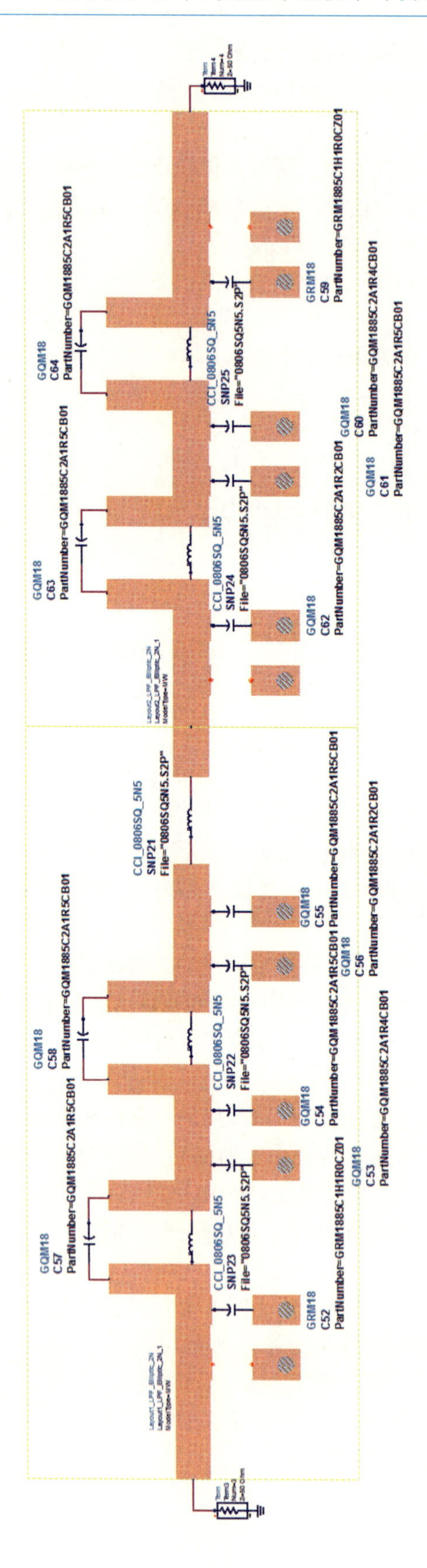

图 6-6　干扰模块低通滤波器仿真原理图

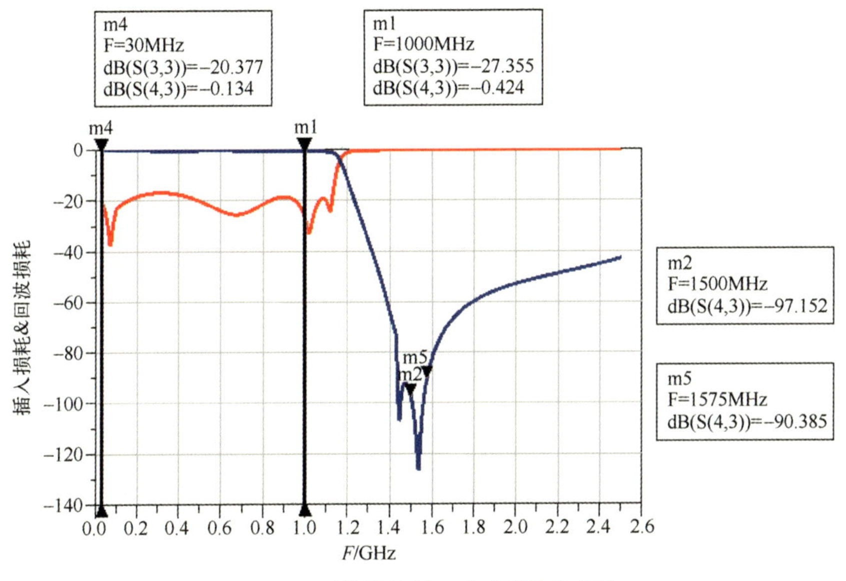

图 6-7　干扰模块低通滤波器仿真参数

(3) 干扰模块接收链路受干扰分析。

① 预置条件。

干扰模块接收频率：30~1000MHz。

干扰模块接收灵敏度：≤-90dBm。

干扰模块接收链路与遥控和数传模块存在同时工作的场景。

② 干扰源。

遥控和数传模块发射链路：30~1000MHz 频段内的杂散。

③ 理论分析。

遥控数传模块和干扰模块有 500MHz 的频带保护，且多次谐波也不会落入干扰模块接收链路内，所以只要遥控数传模块的杂散功率小于干扰模块接收解调门限，则不会对干扰模块接收链路造成影响。

杂散要求：-90(干扰模块接收灵敏度)+60(空间隔离)-5(信噪比)= -35dBm。

④ 技术实现方案。

杂散要求小于或等于-35dBm，要求较低，按照常规设计即可满足。

第7章　分布式通信干扰资源调度优化技术

分布式通信干扰系统工作时，当干扰分站的电池能量较低时，发射的干扰信号功率将逐步衰减，达到一个门限值时，则可认为其干扰能力失效，因此，当失效的干扰分站数量逐步增加，最后必然导致整个空地联合分布式通信干扰系统的瘫痪乃至失效。那么合理地布设干扰分站、优化配置干扰参数，实现干扰资源调度优化，提高干扰效果，降低实施难度，节约资源，就显得非常重要。

综合国内外相关文献资料和调研数据：已有的各种干扰资源调度算法主要针对传统的大功率集中式干扰装备，未考虑空地联合分布式通信干扰系统的组成特点以及应用环境，因而并不适用于空地联合分布式通信干扰系统研究，参考意义也不大。

本章首先以干扰效果影响因素为约束条件，构建通信干扰方程的实用化方程，引出超短波电台的通信干扰方程。其次重点介绍定功率式和定位置式两种干扰资源调度优化方法，并对性能进行仿真验证。再次根据常用信道传播模型特征，建立干扰资源调度优化链路计算模型，包括信号传播的地形地物修正模型、气候衰减修正方模型和植被衰减修正方模型等。最后基于调度优化方法和链路计算模型，设计实现干扰资源调度优化软件，实现干扰设备的优化部署和干扰参数的自动生成，降低了通信干扰环境的构建成本。

7.1　通信干扰方程的实用化构建

针对空地联合分布式通信干扰系统应用于电子战的场景，在进行干扰资源的优化分配时，需对各干扰分站（或干扰节点）的协同形式进行研究，协同是采用同步协同还是轮询协同，频率是采用全频干扰还是分频干扰，在相关文献中均有相同的结论：同步协同干扰在能量与工作方式上都优于轮询协同干扰；全频干扰与分频干扰具有相同的能量损耗，但全频干扰的协同复杂度低于分频干扰。

7.1.1　通信干扰方程

空地联合分布式通信干扰系统的干扰是否有效，主要取决于干扰目标处接收到的有效干扰功率的大小。从通信干扰的角度来说，考虑到大部分通信设备发射功率较大（如常见的超短波电台最大发射功率可达50W，短波电台甚至可达1000W），如若干扰通信发射信号，则干扰分站的功率必须大于甚至远大于通信发射功率，这对空地联合分布式通信干扰系统来说基本无法实现，且与传统大功率集中式干扰装备相比，分布式通信干扰是处于绝对劣势的。基于以上原因，综合干扰效能和实现难易程度上分析，空地联合分布式通信干扰系统只能干扰通信设备的接收信号，因此干扰成功与否，就取决于干扰目标接收到的有效干扰信号功率。干扰目标处的有效干扰功率大小不仅与干扰分站发射的干扰功率大小有关，还与干扰分站的位置、天线的增益、电波的传播方式、干扰信号的制式、空间合成的效果，以及环境、地形、植被、天气，甚至电子对抗策略运用等众多因素有关。

通信干扰方程就是反映干扰目标接收到的干信功率比与通信被压制的压制系数之间关系的方程。通过估算电波传播损耗，结合通信对抗数据的分析以及经验性结论，就可以由通信干扰方程求得通信对抗中压制干扰目标通信所需要的最小干扰发射功率。一般的经验性结论有：干扰机发射的干扰功率越大，干扰效果越好；干扰机与干扰目标距离越近，干扰效果越好。

在通信对抗中，通信设备的收、发信机和干扰分站之间位置关系如图 7-1 所示，相关参数表述如下：

（1）通信设备发射机输出的信号功率为 P_{Ts}。

（2）进入干扰目标的干扰功率为 P_J。

（3）通信设备发射天线高度 h_t。

（4）通信设备接收天线高度为 h_r（为方便分析，假设通信收发天线均为通车上的超短波电台天线，故 $h_r=h_t$）。

（5）干扰分站发射机输出的干扰信号功率为 P_{Tj}。

（6）干扰分站天线高度为 h_j。

（7）通信设备收、发设备之间的距离简称通信距离为 r_s。

（8）干扰分站到通信设备接收设备之间的距离简称干扰距离为 r_j。

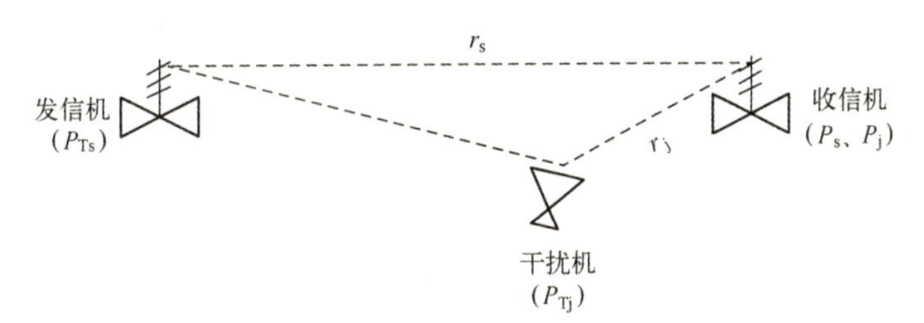

图 7-1　发信机、接收机、干扰分站之间位置图

假设某通信状态下，接收机对于发射机是最佳接收的，因此进入干扰目标的通信信号功率 P_s 主要与通信传输路径损耗以及通信收、发信机的天线增益有关，则进入接收机的通信信号功率 P_s 为

$$P_s \approx P_{Ts}G_{tr}G_{rt}\left(\frac{h_r h_t}{r_s^2}\right)^2 = P_{Ts}G_{tr}G_{rt}\left(\frac{h_r}{r_s}\right)^4 \tag{7.1-1}$$

其中，G_{tr}为通信发射天线在通信接收天线方向上的天线增益；G_{rt}为通信接收天线在通信发射天线方向上的天线增益。

与通信信号功率 P_s 不同，进入干扰目标通带内的干扰功率 P_j 除了与干扰传输路径上的损耗以及干扰分站、通信设备接收机的天线增益有关以外，还有可能存在其他损耗，如滤波损耗、极化损耗等。因此，进入接收机通带内的干扰功率 P_j 为

$$P_{\mathrm{j}} \approx P_{\mathrm{Tj}} G_{\mathrm{jr}} G_{\mathrm{rj}} \left(\frac{h_{\mathrm{r}} h_{\mathrm{j}}}{r_{\mathrm{j}}^{2}}\right)^{2} L_{\mathrm{a}} L_{\mathrm{b}} \tag{7.1-2}$$

其中，G_{jr}为干扰分站天线在通信接收机天线方向上的天线增益；G_{rj}为通信接收机天线在干扰分站天线方向上的天线增益；L_{a} 为极化损耗；L_{b} 为滤波损耗（也可称为带宽失配损耗）。

滤波损耗是由接收机的带通滤波引起的。当干扰信号带宽大于接收机带宽或干扰频率偏离信号频率时，接收机将抑制通带以外的干扰，使得落入接收机通带以内的干扰功率降低，这样，一部分干扰功率浪费掉了。因此，滤波损耗 L_{b} 定义为进入目标接收机通带内的干扰功率 B_{r} 与到达目标接收机处的干扰总功率 B_{j} 之比，即

$$L_{\mathrm{b}} = \frac{B_{\mathrm{r}}}{B_{\mathrm{j}}} \tag{7.1-3}$$

极化损耗是由于干扰分站可能不是以合适的极化电波发射干扰信号造成的，可以用系数 L_{a} 来表示，其取值范围为 $0 \leqslant L_{\mathrm{a}} \leqslant 1$。在通信频率低端，极化损耗很小，可忽略（即设 $L_{\mathrm{a}}=1$）。但在频率高端（例如 UHF 以上），极化损耗的影响是比较大的。鉴于本书主要针对超短波波段（30~88MHz 频段）进行设计，因此，可不考虑极化损耗。

可得有效干扰功率 P_{j} 为

$$P_{\mathrm{j}} \approx P_{\mathrm{Tj}} G_{\mathrm{jr}} G_{\mathrm{rj}} \left(\frac{h_{\mathrm{r}} h_{\mathrm{j}}}{r_{\mathrm{j}}^{2}}\right)^{2} \frac{B_{\mathrm{r}}}{B_{\mathrm{j}}}$$

有效干扰功率与信号功率之比即干信比为

$$\frac{P_{\mathrm{j}}}{P_{\mathrm{s}}} = \frac{P_{\mathrm{Tj}} G_{\mathrm{jr}} G_{\mathrm{rj}}}{P_{\mathrm{Ts}} G_{\mathrm{tr}} G_{\mathrm{rt}}} \left(\frac{r_{\mathrm{s}}}{r_{\mathrm{j}}}\right)^{4} \left(\frac{h_{\mathrm{j}}}{h_{\mathrm{t}}}\right)^{2} L_{\mathrm{b}} = \frac{P_{\mathrm{Tj}} G_{\mathrm{jr}} G_{\mathrm{rj}}}{P_{\mathrm{Ts}} G_{\mathrm{tr}} G_{\mathrm{rt}}} \left(\frac{r_{\mathrm{s}}}{r_{\mathrm{j}}}\right)^{4} \left(\frac{h_{\mathrm{j}}}{h_{\mathrm{t}}}\right)^{2} \frac{B_{\mathrm{r}}}{B_{\mathrm{j}}} \tag{7.1-4}$$

不失合理性，为方便分析，可假设通信天线一般为水平全向天线，因此，$G_{\mathrm{rj}} = G_{\mathrm{rt}} = \sigma$，故上式可简化为

$$\frac{P_{\mathrm{j}}}{P_{\mathrm{s}}} = \frac{P_{\mathrm{Tj}} G_{\mathrm{jr}}}{P_{\mathrm{Ts}} G_{\mathrm{tr}}} \left(\frac{r_{\mathrm{s}}}{r_{\mathrm{j}}}\right)^{4} \left(\frac{h_{\mathrm{j}}}{h_{\mathrm{t}}}\right)^{2} \frac{B_{\mathrm{r}}}{B_{\mathrm{j}}} \tag{7.1-5}$$

压制系数 k_{y}定义为保证干扰有效压制信号时所需要的最小有效干扰功率与信号功率之比。当干扰有效时，进入目标接收机的干信比应满足

$$\frac{P_{\mathrm{j}}}{P_{\mathrm{s}}} \geqslant k_{\mathrm{y}} \tag{7.1-6}$$

此时，干扰能有效压制目标信号的通信，即

$$\frac{P_{\mathrm{j}}}{P_{\mathrm{s}}} = \frac{P_{\mathrm{Tj}} G_{\mathrm{jr}}}{P_{\mathrm{Ts}} G_{\mathrm{tr}}} \left(\frac{r_{\mathrm{s}}}{r_{\mathrm{j}}}\right)^{4} \left(\frac{h_{\mathrm{j}}}{h_{\mathrm{t}}}\right)^{2} \frac{B_{\mathrm{r}}}{B_{\mathrm{j}}} \geqslant k_{\mathrm{y}} \tag{7.1-7}$$

此公式即为针对平地传播条件下通信车车载超短波电台的通信干扰方程。

假设在通信对抗中，干扰分站个数为 n，各干扰分站天线高度均为 h_{j}，第 i 个干扰分站到通信接收机的距离为 $r_{\mathrm{j}i}$。将第 i 个干扰分站进入干扰目标的有效干扰功率简化为

$$P_{\mathrm{j}i} = P_{\mathrm{T}\mathrm{j}i} G_{i\mathrm{r}} G_{\mathrm{r}i} \left(\frac{h_{\mathrm{r}} h_{\mathrm{j}}}{r_{\mathrm{j}i}^{2}}\right)^{2} \frac{B_{\mathrm{r}}}{B_{\mathrm{j}i}} \tag{7.1-8}$$

全频干扰是指所有干扰分站都以相同的能量对干扰目标的整个工作频段进行干扰，可表示为

$$B_{j1}=B_{j2}\cdots=B_{jn}\geqslant B_r \tag{7.1-9}$$

在研究中，为进一步简化计算，则假定干扰频段等于工作频段，也即 $B_{jn}=B_r$，则可得干扰目标处的有效干扰总功率为

$$P_J=\sum_{i=1}^{n}P_{ji}=\sum_{i=1}^{n}P_{Tji}G_{ri}G_{ir}\left(\frac{h_rh_j}{r_{ji}^2}\right)^2 \tag{7.1-10}$$

7.1.2　超短波电台通信干扰方程

由上述推导可得到，空地联合分布式通信干扰系统在超短波电台通信对抗中的通信干扰方程为

$$\frac{P_J}{P_s}=\frac{\sum_{i=1}^{n}P_{Tji}G_{ri}G_{ir}\left(\frac{h_rh_j}{r_{ji}^2}\right)^2}{P_{Ts}G_{tr}G_{rt}\left(\frac{h_rh_t}{r_s^2}\right)^2}\geqslant k_y \tag{7.1-11}$$

依然考虑到 $G_{rj}=G_{rt}=\sigma$，则得

$$\frac{P_J}{P_s}=\frac{\sum_{i=1}^{n}P_{Tji}G_{ir}\left(\frac{h_rh_j}{r_{ji}^2}\right)^2}{P_{Ts}G_{tr}\left(\frac{h_r}{r_s}\right)^4}=\frac{\sum_{i=1}^{n}P_{Tji}G_{ir}\frac{h_j^2}{r_{ji}^4}}{P_{Ts}G_{tr}\frac{h_r^2}{r_s^4}}=\frac{r_s^4h_j^2\sum_{i=1}^{n}\frac{P_{Tji}G_{ir}}{r_{ji}^4}}{P_{Ts}G_{tr}h_r^2}\geqslant k_y \tag{7.1-12}$$

上式中，在组织开展通信对抗中时各通信点位固定后，则可令

$$\frac{r_s^4h_j^2}{P_{Ts}G_{tr}h_r^2}=Q \tag{7.1-13}$$

Q 为常量，则上式可简化为

$$\frac{P_J}{P_s}=Q\sum_{i=1}^{n}\frac{P_{Tji}G_{ir}}{r_{ji}^4}\geqslant k_y \tag{7.1-14}$$

则得到的通信干扰方程中的变量有：P_{Tji} 为第 i 个干扰发射机输出的信号功率；G_{ir} 为第 i 个干扰分站天线在通信接收机天线方向上的天线增益；r_j 为第 i 个干扰分站到通信接收机之间的距离简称干扰距离。

7.2　干扰资源调度优化

7.2.1　定功率式干扰资源调度优化方法

1. 模型构建

首先考虑各个干扰分站的干扰功率事先已约定，这时需要通过优化各干扰分站的干扰距离来达到预定的干扰效果，即假设第 i 个干扰发射机输出的信号功率 P_{Tji}（$i=1,2,\cdots,n$）均已知，为了简化分析，假设干扰分站天线与超短波电台天线相同，则 G_{ir} 为

一恒定值。基于上述情况，需要设计第 i 个干扰分站的干扰距离 r_{ji} $(i=1,2,\cdots,n)$，使得所有干扰分站进入目标收信机的合成干信比不小于预定设定的阈值 k_y，即

$$Q\sum_{i=1}^{n}\frac{P_{Tji}G_{ir}}{r_{ji}^4}\geqslant k_y \tag{7.2-1}$$

其中，r_{ji}为决策变量 $(r_{ji}>0,i=1,2,\cdots,n)$；$Q$、$G_{ir}$以及 P_{Tji}已知；k_y 为干信比阈值，通常可以设置为2、3或4。

令 $K_i=QP_{Tji}G_{ir}$，则有

$$\sum_{i=1}^{n}\frac{K_i}{r_{ji}^4}\geqslant k_y \tag{7.2-2}$$

由上式可知，显然，在给定 K_i 的情况下，所有 r_{ji}的取值越小，上式满足的概率越高。但结合实际问题来看，r_{ji}为干扰分站到目标收信机的距离，如果 r_{ji}的值过小，则极易暴露而被敌发现摧毁失效，也不便于布置；另外，如果 r_{ji}的值过大，则不易被敌发现，安全性较高，但上式满足的概率会较小。可以随机布设所有干扰分站的位置，计算其干扰距离以及干信比，然后判断是否满足要求。若不满足要求，则重新随机布设，但这样会比较耗时费力。因此，在实际部署各干扰分站的位置时，可以参考 r_{ji}的上限值即各干扰分站到目标收信机的最远距离。

考虑到式（7.2-2）的复杂形式，首先考虑各干扰分站到目标收信机的距离均相等的情况，即 $r_{j1}=r_{j2}=\cdots=r_{jn}=r$，代入式（7.2-2），则有

$$\frac{1}{r^4}\sum_{i=1}^{n}K_i\geqslant k_y \tag{7.2-3}$$

得到

$$r<r_{CPSB}=\sqrt[4]{\left(\sum_{i=1}^{n}K_i\right)/k_y} \tag{7.2-4}$$

根据上式，r_{CPSB}可以作为在最初布设各干扰分站的位置时的一个参考值，在设计各干扰分站的布设准则时均可以参考 r_{CPSB}。当然，如果任意干扰分站 i 的干扰距离 r_{ji}均不大于 r_{CPSB}，即对于 $i=1,2,\cdots,n$，有 $r_{ji}<r_{CPSB}$，则此时得到的干信比一定满足要求，因为

$$\sum_{i=1}^{n}\frac{K_i}{r_{ji}^4}\geqslant\sum_{i=1}^{n}\frac{K_i}{(r_{CPSB})^4}\geqslant k_y \tag{7.2-5}$$

而对于其他情况，则不一定能满足要求，这时可以参考 r_{CPSB}的值调整各干扰节点的位置即其干扰距离。例如，如果第一个干扰分站的干扰距离 $r_{ji}>r_{CPSB}$，则在设计第二个干扰分站的位置时可以考虑使 $r_{j2}<r_{CPSB}$；反之，类似地，如果前一个干扰分站的干扰距离小于 r_{CPSB}，则后一个干扰分站的干扰距离可以大于 r_{CPSB}。以此类推，最终在布设完所有干扰分站的位置后，其干信比能满足要求的概率会比较大。另外，如果按上述规则布设完所有干扰分站，其干信比小于 k_y，则可以调整某些干扰距离大于 r_{CPSB}的干扰分站的位置以减小其干扰距离，然后计算新的干信比是否满足要求，直到最终满足要求。依此准则布设的干扰分站，既可以满足预定的干信比要求，又可以尽可能使较多干扰分站保持与目标收信机一定的干扰距离，提高了安全性和干扰效果。

2. 数值仿真分析

分析干扰距离的参考门限值 r_{CPSB}分别随干扰功率和干信比门限值变化而变化的

情况。

参数设置：干扰分站个数 $n=10$，考虑参数均已归一化，$Q=1$，G_{ir}的值从[1,10]中随机选择，另外，为方便分析，考虑各干扰分站的干扰功率均为 P，其变化范围为[10,100]。具体地，在第一个仿真中，考虑干信比门限值 k_y 分别固定为2、3、4，干扰分站的干扰功率 P 从 10 变化到 100；在第二个仿真中，干扰分站的干扰功率 P 分别固定为10、55、100，干信比门限值 k_y 从 2 变化到 4。

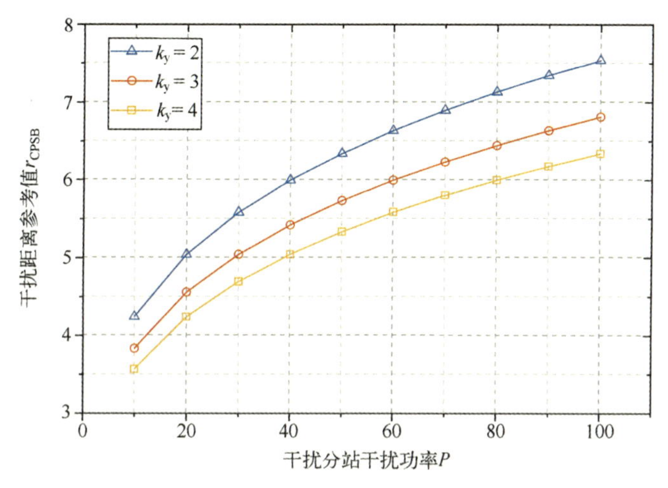

图 7-2 干扰距离参考值 r_{CPSB} 与干扰分站干扰功率 P 之间的关系

结果说明：从图 7-2 可以看到，当给定干信比值 k_y 时，干扰距离参考值 r_{CPSB} 随干扰分站干扰功率 P 的增大而增大；另外，对于同一干扰分站干扰功率 P，干信比值 k_y 越大，干扰距离参考值 r_{CPSB} 越小。

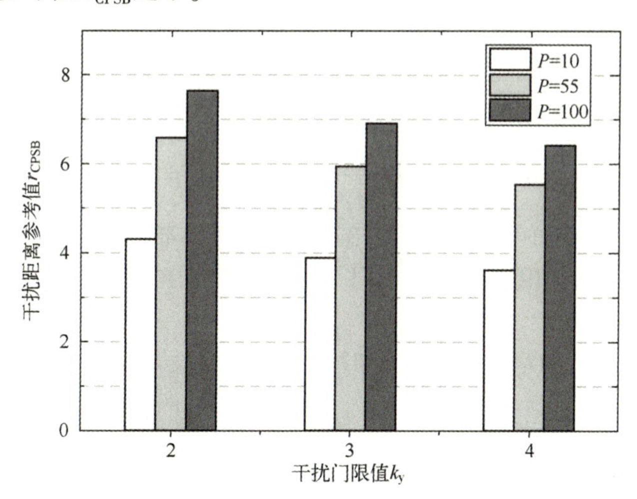

图 7-3 干扰距离参考值 r_{CPSB} 与干信比门限值 k_y 之间的关系

结果说明：从图 7-3 可以看到，当给定干扰分站干扰功率 P 时，干扰距离参考值 r_{CPSB} 随干信比门限值 k_y 的增大而减小；另外，对于同一干信比值 k_y，干扰分站干扰功率 P 越大，干扰距离参考值 r_{CPSB} 越大。

7.2.2 定位置式干扰资源调度优化方法

1. 模型构建

在对目标收信机实施干扰时，各干扰分站的位置即其干扰距离事先已确定，而其发射功率也可能事先未作约定，需要通过分配策略及时确定各干扰节点的干扰功率，即第 i 个干扰分站的位置及其干扰距离 $r_{ji}(i=1,2,\cdots,n)$ 均已知，需要设计第 i 个干扰发射机输出的信号功率 P_{Tji}，使得所有干扰分站进入目标收信机的合成干信比不小于预定设定的阈值 k_y。另外，在进行干扰任务时，从尽量延长干扰网络生存时间的角度来，要尽可能最小化消耗的总能量，但同时这样可能会导致各干扰节点的干扰功率大小差距较大，使各干扰节点间能量损耗不均匀，从而可能导致消耗能量大的干扰节点的生存时间很短，降低整个干扰节点网络的生存时间。因此，下面将优化的目标分成两种情况：一是最小化各干扰节点的干扰功率之和；二是最小化各干扰节点的干扰功率的最大值，约束条件均为干信比不小于 k_y。

第一种情况：各干扰节点的干扰功率之和最小化，简称 MTC（Minimize Total Cost）。

令 $M_i=QG_{ir}/r_{ji}^4(i=1,2,\cdots,n)$，则此优化问题可以形式化表达如下：

$$\text{Minimize}\sum_{i=1}^{n}P_{Tji} \tag{7.2-6}$$

$$\text{s. t. }\sum_{i=1}^{n}M_iP_{Tji}\geqslant k_y \tag{7.2-7}$$

式中 $P_{Tji}>0,i=1,2,\cdots,n$，上述问题为优化目标函数和约束均是线性，因此，这个问题是一个凸优化问题，其最优解可以通过现有的凸优化方法比如内点法求得。在 MMC 问题里，约束仍为线性，而对于目标函数，引入中间优化变量 $R=\max\limits_{i=1,\cdots,n}P_{Tji}$，则该优化问题等价为 Minimize R，s. t. $\sum\limits_{i=1}^{n}M_iP_{Tji}\geqslant k_y$，$P_{Tji}\leqslant R,i=1,2,\cdots,n$，不难证明这个问题也为凸优化问题，同样可求得其最优解。

第二种情况：各干扰节点干扰功率的最大值最小化，简称 MMC（Minimize Maximum Cost），此优化问题可以形式化表达如下：

$$\text{Minimize}\max_{i=1,2,\cdots,n}P_{Tji} \tag{7.2-8}$$

$$\text{s. t. }\sum_{i=1}^{n}M_iP_{Tji}\geqslant k_y \tag{7.2-9}$$

式中 $P_{Tji}>0,i=1,2,\cdots,n$。

2. 数值仿真分析

为了检验定位置式干扰资源调度优化方法的性能，设计了如下参数对其进行测试：干扰分站个数 $n=10$，考虑参数均已归一化，$Q=1$，G_{ir}的值从［1,10］中随机选择，干信比门限值 k_y 可以取为 2、3、4，干扰距离 r_{ji}的值从［1,2］中随机选择，于是，问题中 M_i 的值可以根据公式 $M_i=QG_{ir}/r_{ji}^4$ 计算得到。各干扰分站参数设置如表 7-1 所示。

表 7-1　各干扰分站参数设置表（$Q=1$）

干扰分站 Id	1	2	3	4	5	6	7	8	9	10
增益 G_{ir}	8.40	4.87	8.99	4.52	7.92	4.57	8.28	7.80	4.40	2.93
干扰距离 r_{ji}	1.79	1.95	1.33	1.67	1.44	1.83	1.77	1.17	1.86	1.99
权值 M_i	0.82	0.34	2.89	0.58	1.85	0.40	0.85	4.20	0.38	0.19

结果说明：从图 7-4 可以看到，首先，随着干信比门限值 k_y 的增大，MTC 和 MMC 相应的干扰功率之和即总干扰功率均增大；其次，在给定同样干信比门限值 k_y 时，MTC 对应的总干扰功率要小于 MMC 对应的总干扰功率。

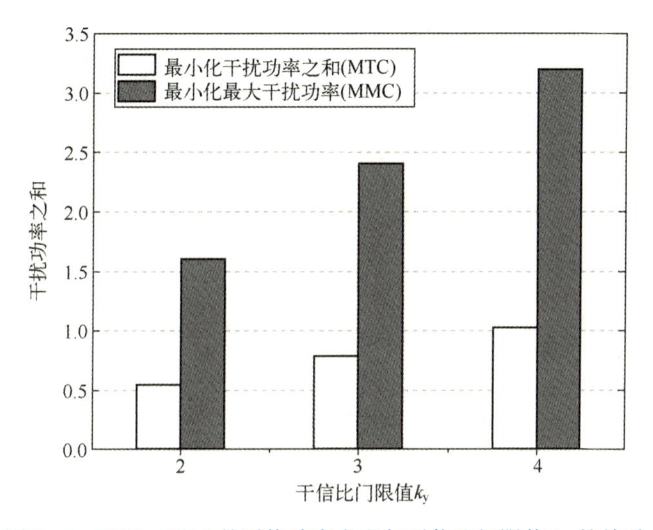

图 7-4　MTC、MMC 的干扰功率之和与干信比门限值 k_y 的关系

结果说明：从图 7-5～图 7-7 可知，在达到同样干扰性能的情况下，在 MTC 方式，

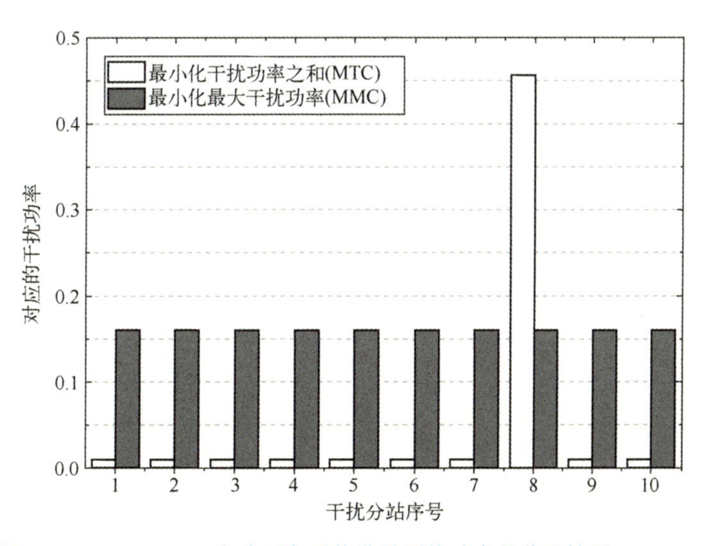

图 7-5　MTC、MMC 方式下各干扰分站干扰功率的分配情况（$k_y=2$）

干扰功率基本上集中在单个干扰分站上，即某个干扰分站的干扰功率特别高，而其他干扰分站的干扰功率均很低，分布很不均匀，但总功率较小；而在 MMC 方式，各干扰分站的干扰功率很接近，分布很均匀，但总功率较大。因此，在实际运用时，需要根据不同的优化目标部署相应的干扰资源分配策略。

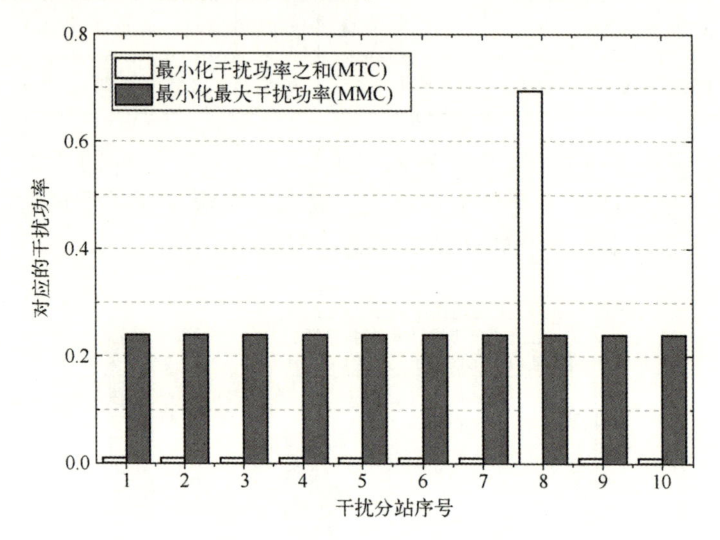

图 7-6　MTC、MMC 方式下各干扰分站干扰功率的分配情况（$k_y=3$）

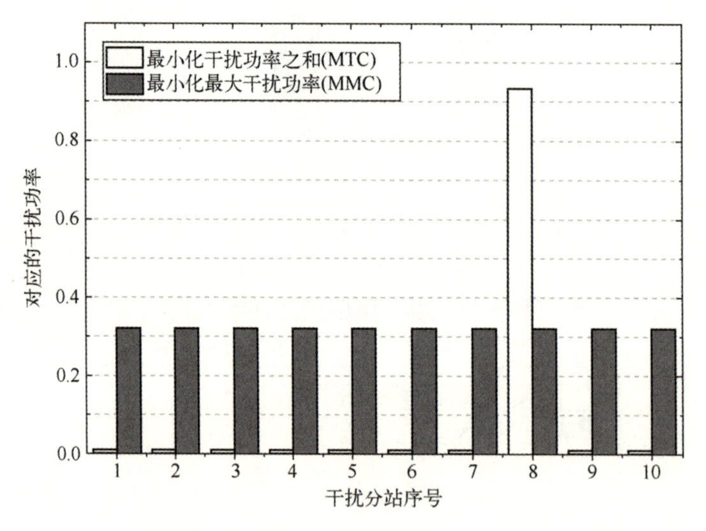

图 7-7　MTC、MMC 方式下各干扰分站干扰功率的分配情况（$k_y=4$）

7.3　干扰资源调度优化链路计算模型

在较大规模的通信对抗中，参加对抗的通信设备和干扰设备数量都较多（例如十几台通信设备和几十台干扰设备），通信设备一般分散部署在较大区域内，干扰设备必须根据通信设备的部署情况、通信频段、通信功率、地形地物特征等信息进行部署和控制调度，这些干扰设备的控制调度工作如果都由人来完成，需要消耗较多的人力资源，并且控制和调度效率不高，影响效果，因此空地联合分布式通信干扰系统在实际应用过程中需要重点解决的一个问题就是：如何根据通信设备部署和对抗场地无线传输链路的地形、地物、气候、植被等特征，有效地对干扰资源优化配置和调度，在保证干扰效能的前提下尽可能节省人力资源，减少干扰设备电能消耗以延长有效干扰时间。

如第 1 章所述，空地联合分布式通信干扰系统对典型复杂电子对抗环境中干扰资源的调度控制是由导控软件完成，为了能够对干扰设备的部署位置和干扰参数进行最优化配置，导控软件中采用了结合无线信道模拟功能和干扰等效模拟功能的干扰资源调度技术来优化系统中干扰资源配置。基本思路如下：

首先，分析能够对通信设备进行干扰和压制的干扰环境，即模拟对抗目标的等效干扰环境，计算能够干扰通信过程的等效干扰功率。

其次，根据等效干扰功率以及接收通信设备的频段、通信功率、接收天线高度、地形地物特征等计算干扰设备到对应接收通信设备的距离，即得到干扰距离，根据干扰距离自动完成干扰设备的部署，并自动配置干扰设备的干扰信号功率。

最后，根据通信对抗过程中干信比的指标要求计算通信对抗的距离，即发送通信设备到接收通信设备之间的距离，就可以自动完成全部通信设备和干扰设备的优化部署调度。

在实施干扰时，干扰资源调度优化的主要处理环节是依据常用无线信道传播模型特征，在软件中设计并实现无线信号传播的地形地物修正方法、气候衰减修正方法和植被衰减修正方法，完成对抗目标空对地干扰链路特征计算、等效干扰模拟链路特征计算和通信对抗链路特征计算，为干扰资源调度提供数据支撑。

7.3.1　无线信道传播模型构建方法

无线信道按照传播方式可以分为视距传播信道、双径传播信道、锋刃绕射传播信道和多径传播信道，以及由于多径传播和快时变引起信号包络随机变化的瑞利衰落信道和莱斯衰落信道等。

目前，无线信道建模的方法主要分成两类：一类是经验模型法（也叫统计测量法）；另一类是电磁场测量法。

1. 经验模型法（统计测量法）建模

经验模型法通过在各种典型无线传播环境中对传输的信号特征参量进行测量，从大量的测量数据中获取信道的特征表达，从而得到与系统参数、信号参数以及环境参数有关的无线信道经验模型公式。

经验模型法的优点是运算量小，不需要过多考虑无线信道环境的复杂性，易于仿真和刻画信道特征；缺点是易受到测试条件的限制，如信号带宽、天线配置与架设及测试环境等，经验模型的准确性依赖于良好的信道环境匹配度，此外，信道与测试设备对测试结果的影响也难以分离。

经验模型法可分为参数化的统计建模方法和基于物理传播特性分析的建模方法等。

2. 电磁场预测法建模

电磁场预测法是在已知无线传播环境的具体细节情况下，利用电磁波传播理论或光学射线理论来分析并预测无线传播环境的。

这类方法依据电磁波传播理论给出无线信道的确定性模型，目前主要有射线跟踪法、时域有限差分法和矩量法等。

电磁场预测法采用确定性模型，不需要大量广泛的测量，而是需要指定环境的诸多细节以便对信号的传播作出准确的预测。因此，如何对无线信道传播环境进行准确设置决定了电磁场预测法建模的准确性。

不失一般性，无线信道传播模拟功能的建模和仿真综合使用了这两种方法，如视距传播信道、双径传播信道、锋刃绕射传播信道由于传播特性比较稳定，采用电磁场预测法中的射线跟踪法进行建模；瑞利衰落信道和莱斯衰落信道由于存在随机的多径传播和快时变，信道传播特性随机变化，因此主要采用基于统计测量手段的经验模型法。

在干扰资源调度优化过程中，一般先通过调用无线信道传播模型，可以得到特定地形地物条件下的基本传播损耗，然后利用气候衰减修正技术和植被衰减修正技术分别得到选定气候条件下的附加传播损耗和选定植被条件下的附加传播损耗，从而得到无线信号总传播损耗，再以此为依据计算得到无线信号传播距离，为通信设备和干扰设备部署提供理论支持。

7.3.2 气候衰减修正模型

1. 模型及传播距离计算方法

(1) 明显降水条件。明显降水条件下的空对地无线信号传播模型如图 7-8 所示。

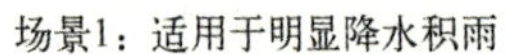

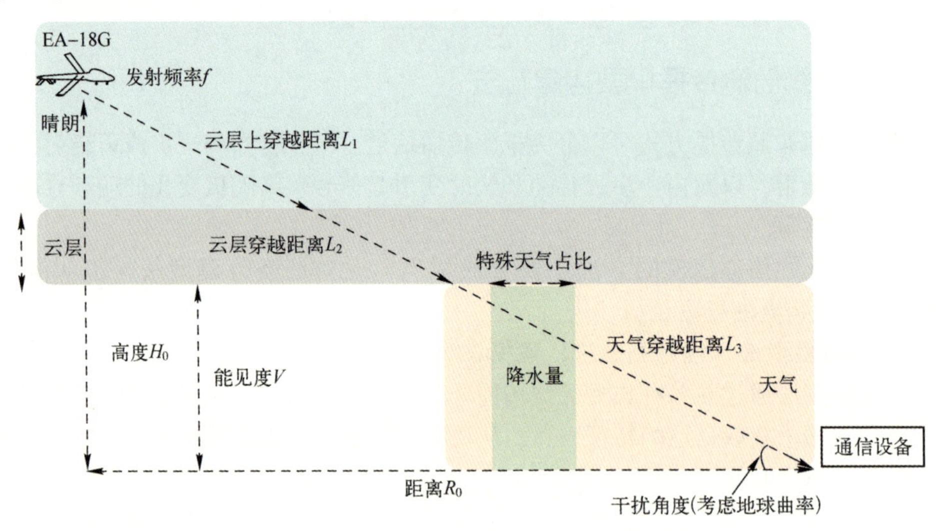

图 7-8 明显降水条件下的空对地无线信号传播模型

① 模型条件：(能见度 V+云层高度)小于或等于作战高度 H_0。

② 云层高度 Could_Level 条件如下：

天气	晴朗	多云	阴天	雨天	雾	霾	雪	冰雹
云层高度/km	0.5	1.0	1.0	2.5	1.5	1.5	2.5	2.0

③ 计算干扰角度 φ：干扰角度可通过距离 R_0 和高度 H_0 计算得出。

④ 计算云层上穿越距离 L_1：$L_1=(H_0-\text{Cloud\_Level}-V)/\sin\varphi$。

⑤ 计算云层穿越距离 L_2：$L_2=\text{Cloud\_Level}/\sin\varphi$。

⑥ 计算天气穿越距离 L_3：$L_3=V/\sin\varphi$。

⑦ 计算特殊天气区域 ZONE：ZONE=特殊区域占比×R_0。

⑧ 计算云雨雾传播距离 CRF_Range：CRF_Range=L_2+L_3。

(2) 雾霾阴天天气条件。雾霾阴天天气条件下的无线信号传播模型如图7-9所示。

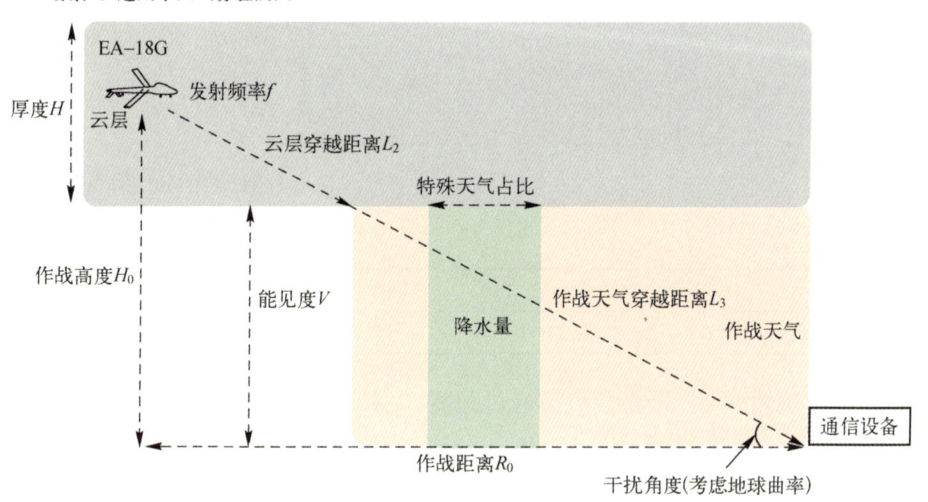

图7-9　雾霾阴天天气条件下的空对地无线信号传播模型

① 模型条件：(能见度 V+云层高度)大于高度 H_0，且 H_0 大于能见度 V。

② 云层高度 Could_Level 条件如下：

天气	晴朗	多云	阴天	雨天	雾	霾	雪	冰雹
云层高度/km	0.5	1.0	1.0	2.5	1.5	1.5	2.5	2.0

③ 计算干扰角度 φ：干扰角度可通过距离 R_0 和高度 H_0 计算得出。

④ 计算云层上穿越距离 L_1：$L_1=0$。

⑤ 计算云层穿越距离 L_2：$L_2=(H_0-V)/\sin\varphi$。

⑥ 计算天气穿越距离 L_3：$L_3=V/\sin\varphi$。

⑦ 计算特殊天气区域 ZONE：ZONE=特殊区域占比×R_0。

⑧ 计算雾霾阴天传播距离 CRF_Range：CRF_Range=L_2+L_3。

(3) 晴朗天气条件。晴朗天气条件下的空对地无线信号传播模型如图7-10所示。

① 模型条件：高度 H_0 小于或等于能见度 V。

② 云层高度 Could_Level 条件如下：

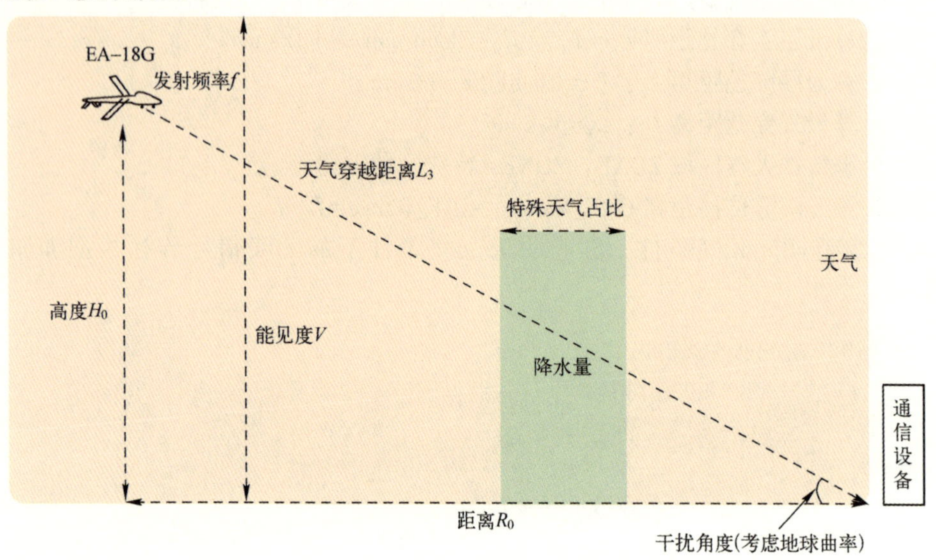

图 7-10 晴朗天气条件下的空对地无线信号传播模型

天气	晴朗	多云	阴天	雨天	雾	霾	雪	冰雹
云层高度/km	0.5	1.0	1.0	2.5	1.5	1.5	2.5	2.0

③ 计算干扰角度 φ：干扰角度可通过距离 R_0 和高度 H_0 计算得出。

④ 计算云层上穿越距离 L_1：$L_1=0$。

⑤ 计算云层穿越距离 L_2：$L_2=0$。

⑥ 计算天气穿越距离 L_3：$L_3=V/\sin\varphi$。

⑦ 计算特殊天气区域 ZONE：ZONE=特殊区域占比×R_0。

⑧ 计算云雨雾传播距离 CRF_Range：CRF_Range=L_2+L_3。

2. 气候衰减影响因子

（1）特殊天气影响 W_1，如表 7-2～表 7-4 所示。

表 7-2 天气影响因子

序　号	天　气	衰减因子
1	晴朗	0.0005dB/km（0～6GHz）20℃
2	多云	0.01dB/km（0～6GHz）20℃
3	阴天	0.01dB/km（0～6GHz）20℃
4	雨天	见雨天情况表格 20℃
5	雾	见雨天情况表格（第一行）20℃
6	霾	见雨天情况表格（第一行）20℃
7	雪	见雪天情况表格 0℃
8	冰雹	1.21dB/km（0～6GHz）20℃

表 7-3　雨天情况表格（dB/km）

降雨量/(mm/h)	波长 $\lambda(\lambda=c/f, c=3\times10^8 m/s)$						
	0.3m	0.4m	0.5m	0.6m	1.0m	1.25m	3.0m
无（<0.1mm/h)(雾)(霾)	0.305	0.230	0.160	0.106	0.037	0.0215	0.00224
小雨雪（0.1~2.5mm/h)	1.15	0.929	0.720	0.549	0.228	0.136	0.0161
中雨雪（2.6~8.0mm/h)	1.98	1.66	1.34	1.08	0.492	0.298	0.0388
大雨雪（8.1~15.9mm/h)	6.72	6.04	5.36	4.72	2.73	1.77	0.285
暴雨雪（16.0~200.0mm/h)	11.3	10.4	9.49	8.59	5.47	3.72	0.656
特大暴雨雪（>200.0mm/h)	19.2	17.9	16.6	15.3	10.7	7.67	1.46

表 7-4　雪天情况表格（dB/km）

降雨量/(mm/h)	衰　减　量
无（<0.1mm/h)(雾)(霾)	0.0046dB/km
小雨雪（0.1~2.5mm/h)	0.010dB/km
中雨雪（2.6~8.0mm/h)	0.167dB/km
大雨雪（8.1~15.9mm/h)	0.344dB/km
暴雨雪（16.0~200.0mm/h)	33.5dB/km
特大暴雨雪（>200.0mm/h)	40.3dB/km

（2）湿度影响 W_2。前面考虑了特殊天气对衰减因子的影响，明显看出降水对大气衰减的影响，地表湿度变化与降水概率和水雾密度有间接关系，这里将地表湿度影响考虑进电磁波传播链路，以 20℃ 为标准气温环境，湿度影响关系如表 7-5 所示。

表 7-5　湿度影响 W_2 关系表

湿度（H）	影响因子（W_2）
$H>90\%$	1.2
$70\%<H\leqslant90\%$	1.1
$50\%<H\leqslant70\%$	1.0
$30\%<H\leqslant50\%$	0.9
$0\%\leqslant H\leqslant30\%$	0.8

（3）温度影响 W_3。考虑不同海拔因素（上升 1km 温度下降 6℃）对整个链路衰减的影响，以 1km 为 1 个距离单元进行影响因子评价，查阅资料可知 1~6GHz 频段的温度变化对衰减链路呈现线性变化，以 20℃ 为标准气温环境，温度影响关系如表 7-6 所示。

表 7-6　温度影响关系表

气温（T）	影响因子（P_m）
$T\geqslant40$℃	0.8
30℃$\leqslant T<40$℃	0.9

（续）

气温（T）	影响因子（P_m）
20℃≤T<30℃	1.0
10℃≤T<20℃	1.1
0℃≤T<10℃	1.2
-10℃≤T<0℃	1.3
T<10℃	1.4

设 T_0为高度 1km 处的气温，T_1为高度 2km 处的气温，……，T_N为高度 H_0处的气温，则温度影响 W_3的计算公式如下：

$$W_3=[T_0 \cdot P_m+(T_1 \cdot P_m+1)+(T_2 \cdot P_m+2)+\cdots+(T_N \cdot P_m+N)]/N \tag{7.3-1}$$

（4）天气补偿因子 W_4。天气对整个电磁波传播链路的影响不仅仅包括特殊天气影响、湿度影响以及气温影响，在实际链路中需要对不同天气状态引发的链路变化进行补偿，以晴朗天气为基准，天气补偿因子如表 7-7 所示。

表 7-7　天气补偿 W_4 因子关系表

序　　号	天 气 状 态	影响因子（W_4）
1	晴朗	0.00
2	多云	0.03
3	阴天	0.05
4	雨天	0.25
5	雾	0.08
6	霾	0.08
7	雪	0.20
8	冰雹	0.06

3. 不同气候传播损耗计算公式

根据实际情况，结合云雨雾穿透距离和云雨雾影响因子给出不同气候条件下的损耗计算公式。

（1）天气穿越距离 L_3损耗 Loss_3如下：

$$\mathrm{Loss}_3=W_1 \cdot W_2 \cdot \mathrm{ZONE}+(L_3-\mathrm{ZONE})\times 0.0005 \tag{7.3-2}$$

其中，0.0005dB/km 为晴朗传播损耗。

（2）云层穿越距离 L_2损耗 Loss_2如下：

$$\mathrm{Loss}_2=L_2\times 0.01$$

其中，0.01dB/km 为云层传播。

（3）云层上穿越距离 L_1损耗 Loss_1：

$$\mathrm{Loss}_1=L_1\times 0.0005$$

其中，0.0005dB/km 为晴朗传播损耗。

（4）云雨雾传播总损耗：

$$\mathrm{CRF\_Loss}=(\mathrm{Loss}_1+\mathrm{Loss}_2+\mathrm{Loss}_3)\cdot(1+W_4)\cdot W_3 \tag{7.3-3}$$

（5）云雨雾传播综合衰减因子：

$$\text{CRF\_factor} = \text{CRF\_Loss}/\text{CRF\_Range} \tag{7.3-4}$$

7.3.3　植被衰减修正模型

1. 植被损耗模型介绍及云植被传播距离计算

植被损耗条件下的空对地无线信号传播模型如图 7-11 所示。

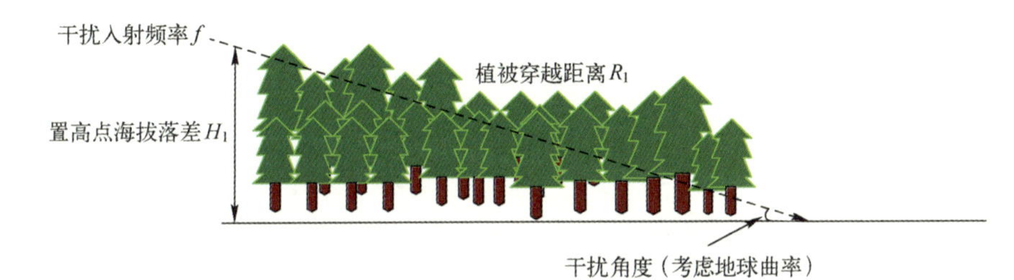

图 7-11　植被损耗条件下的空对地无线信号传播模型

植被穿越传播距离 R_1 的计算公式为 $R_1 = H_1/\sin\varphi$，H_1 为制高点海拔落差。

2. 植被损耗影响因子

（1）地貌影响 P_1。地形变化影响，以林地为标准，地貌影响因子 P_1 关系如表 7-8 所示。

表 7-8　地貌影响因子 P_1 关系表

地 貌 影 响	影响因子（P_1）
裸地	0.3
草地	0.7
耕地	0.6
林地	1.0

（2）植被影响 P_2。植被覆盖率影响，以原始森林为标准，植被影响因子 P_2 关系如表 7-9 所示。

表 7-9　植被影响因子 P_2 关系表

植被影响	影响因子（P_2）
林地	0.5
草原	0.7
灌木	0.8
原始森林	1.0

（3）衰减率影响 P_3。衰减率影响因子 P_3 关系如表 7-10 所示。

表 7-10　衰减率影响因子 P_3 关系表

频率 f	影响因子（P_3）
$f<300$MHz	0.05dB/m
300MHz$\leqslant f<$500MHz	0.10dB/m
500MHz$\leqslant f<$1000MHz	0.20dB/m
1000MHz$\leqslant f<$2000MHz	0.95dB/m
$f>$2000MHz	0.80dB/m

3. 植被损耗计算

参考 ITU-R. P 833.6 无线信号波动和风速关系，1~6GHz 有效。

（1）幅度波动 std 计算公式如下：

$$\mathrm{std}=W\_S/4$$

其中，W_S 为风速。

（2）植被损耗 Plant_Loss 的计算公式。

① 当 $f<1000$MHz 时，有

$$\mathrm{Plant\_Loss}=R_1\cdot P_3\cdot P_1\cdot P_2 \tag{7.3-5}$$

② 当 $f\geqslant 1000$MHz 时，有

$$\mathrm{Plant\_Loss}=\{0.18f^{0.752}\cdot[1-\mathrm{e}^{-R_1\cdot P_3/(0.18f^{0.752})}]\}\cdot P_1\cdot P_2 \tag{7.3-6}$$

（3）植被综合衰减因子 Plant_factor 计算公式如下：

$$\mathrm{Plant\_factor}=\mathrm{Plant\_Loss}/R_1 \tag{7.3-7}$$

7.3.4　空对地干扰链路特征模型

1. 计算落地场强

设干扰等效辐射功率为 Tx_power，空对地无线信道传播路径损耗为 air_loss，云雨雾损耗为 CRF_factor，植被损耗为 Plant_factor，则落地场强 RSSI 的计算公式为

$$\mathrm{RSSI}=\mathrm{Tx\_power}-\mathrm{air\_loss}-\mathrm{CRF\_factor}-\mathrm{Plant\_Loss} \tag{7.3-8}$$

2. 计算干扰时延

设干扰距离为 D，高度为 H，光速为 C，则干扰信号传输时延计算公式为

$$\mathrm{delay}=\sqrt{D^2+H^2}/C \tag{7.3-9}$$

7.3.5　等效干扰模拟链路特征模型

设等效干扰功率为 J_p，空对地干扰落地场强为 L_p，等效链路损耗为 $\mathrm{loss_e}$，等效链路修正因子为 F_e，等效天线增益为 G_e，则等效干扰功率计算公式如下：

$$J_\mathrm{p}=L_\mathrm{p}+\mathrm{loss_e}+F_\mathrm{e}-G_\mathrm{e} \tag{7.3-10}$$

7.3.6 通信对抗链路特征模型

1. 计算通信链路衰减

设通信链路衰减为 $loss_c$，通信发射功率为 P_t，通信天线增益为 G_t，干扰天线增益为 G_j，干扰链路修正因子为 F_j，通信链路修正因子为 F_c，干扰链路损耗为 $loss_j$，干信比为 JSR，则通信链路衰减计算公式如下：

$$loss_c = (P_t - P_j) + (G_t - G_j) + (F_j - F_c) + loss_j + JSR \tag{7.3-11}$$

2. 计算通信距离

选用对应的无线通信链路模型，计算不同距离下的链路损耗，找到通信链路损耗计算结果一致的距离点，得到通信距离。

3. 计算干通比

设通信距离为 D_c，干扰距离为 D_j，则干通比 $JCR = D_j / D_c$。

7.4 干扰资源调度优化实验验证

为了检验干扰资源调度优化的可行性和有效性，需要干扰资源调度优化的对比实验。为了降低实验难度，提高实验的可行性和可复现性，本节主要开展了地面分布式通信干扰设备的干扰资源调度优化实验。

7.4.1 实验目的

基于地面通信干扰设备和通信设备在相同部署位置、相同通信参数、相同干扰效能分析指标的条件下，对比分析使用干扰资源智能调度优化技术和不使用干扰资源智能调度优化技术两种情况下各项干扰效能指标以及相应的资源消耗情况，从而验证干扰资源智能调度优化技术的性能提升程度。

7.4.2 实验内容

实验一　不使用干扰资源智能调度优化技术的情况

具体实验内容：

(1) 根据干扰等效模拟功能计算通信设备的部署距离，在电子地图上完成通信设备的部署。

(2) 完成外场训练人员配置：外场配置设备操作和保障人员，其中每台通信设备配置专门的操作人员，完成通信设备展开和操作；干扰设备和综合采集设备按照 3:1 的标准配置保障人员，完成试验设备的展开、联网、撤收和训练过程保障等任务。

(3) 完成导控中心试验人员配置：导控中心配置专门的操作人员，按功能分组，分别完成干扰设备远程控制、综合采集设备过程控制、态势显示分析、评估指标数据采集、干扰效能评估等操作。

(4) 外场设备部署展开：通信设备控制人员完成通信设备的外场展开加电；保障

人员先按每台通信设备抵近配置一台综合采集设备的方式完成采集设备的部署和展开，然后按常规抵近干扰方式，根据每台通信设备的通信频段配置相应数量的干扰设备并加电展开。

(5) 试验时的通信频段覆盖短波、超短波和无线宽带，由导控中心导调控制人员远程控制外场的各台干扰机对每种通信频段依次进行干扰实验（干扰设备的干扰功率固定采用20W，即43dBm)。

(6) 导控中心导调控制人员远程控制外场的综合采集设备采集干扰过程中的语音MOS值、数据通信误码率、传输时延等指标，然后汇总进行干扰效能评估。

实验二　使用干扰资源智能调度优化技术的情况

具体实验内容：

(1) 在导控软件上，根据干扰等效模拟功能计算通信设备的部署距离，在电子地图上完成通信设备的部署，并按每台通信设备抵近配置一台综合采集设备的方式完成采集设备的部署。

(2) 在导控软件上，采用干扰资源智能调度优化技术计算干扰设备部署距离及相应的干扰功率，在保障干扰效能的基础上，根据使用一台干扰设备对多台通信设备进行有效干扰指导思想的引导完成干扰设备的配置，尽可能节省干扰设备资源，在电子地图上完成干扰设备的部署，生成所有设备部署方案和干扰设备功率配置方案。

(3) 完成外场试验人员配置：外场配置设备操作和保障人员，其中每台通信设备配置专门的操作人员，完成通信设备的展开和操作；干扰设备和综合采集设备按照3:1的标准配置保障人员，完成试验设备的展开、联网、撤收和试验过程保障等任务。

(4) 完成导控中心试验人员配置：导控中心配置专门的操作人员，按功能分组，分别完成干扰设备远程控制、综合采集设备过程控制、态势显示分析、评估指标数据采集、干扰效能评估等操作。

(5) 外场设备部署展开：通信设备控制人员完成通信设备的外场展开加电；保障人员先按每台通信设备抵近配置一台综合采集设备的方式完成采集设备的部署和展开，然后按干扰设备配置方案将干扰设备展开加电。

(6) 试验时的通信频段覆盖短波、超短波和无线宽带，由导控中心导调控制人员远程控制外场的各台干扰机对每种通信频段依次进行干扰实验，干扰设备的干扰功率按干扰功率配置方案进行设置。

(7) 导控中心导调控制人员远程控制外场的综合采集设备采集干扰过程中的语音MOS值、数据通信误码率、传输时延等指标，然后汇总进行干扰效能评估。

7.4.3　实验设备配置

实验设备配置如表7-11所示。实验一和实验二的大部分设备配置是相同的，只有干扰设备配置不一样，主要是因为实验二采用干扰资源调度优化方法，如果计算得到的干扰距离正好大于等于两台通信设备距离的1/2，那么将一台干扰设备部署在两台通信设备的中间就能够同时对两台通信设备产生良好的干扰效果，在特定的地理条件下还有可能使用一台干扰设备同时干扰两台以上的通信设备，因此减少了干扰设备的需求量。具体干扰设备的部署方法后续有详细介绍。

实验设备配置如表 7-11 所示。

表 7-11　实验设备配置

设备类型	设备名称	配置数量	
		实验一	实验二
通信设备	A 型通信车	1 台	1 台
	通信节点车	1 台	1 台
	B 型通信车	3 台	3 台
干扰设备	3～30MHz 干扰机	5 台	3 台
	30MHz～1GHz 干扰机	5 台	3 台
采集设备	综合采集设备	5 台	5 台
导控设备	导控服务器	1 台	1 台
	席位控制计算机	3 台	3 台
	磁盘存储阵列	1 台	1 台

7.4.4　实验设备部署

1. 通信设备部署

实验场区地图和通信设备部署情况如图 7-12 所示。A 型通信车通过通信节点车与三台 B 型通信车建立通信链路，主要采用三种不同频段的通信方式：短波通信、超短波通信和无线宽带通信，因此总共有 4×3=12 条通信链路，其中要进行干扰效能评估的端对端链路是从 A 型通信车经过通信节点车到 B 型通信车的通信链路，共 3×3=9 条端到端通信链路。

所有的端到端通信链路信息如表 7-12 所示。

表 7-12　端到端通信链路信息

通信链路名称	通信双方	通信距离
短波通信链路 1	A 型通信车←→B 型通信车 1	1.7km+1.8km=3.5km
超短波通信链路 1	A 型通信车←→B 型通信车 1	1.7km+1.8km=3.5km
无线宽带通信链路 1	A 型通信车←→B 型通信车 1	1.7km+1.8km=3.5km
短波通信链路 2	A 型通信车←→B 型通信车 2	1.7km+1.6km=3.3km
超短波通信链路 2	A 型通信车←→B 型通信车 2	1.7km+1.6km=3.3km
无线宽带通信链路 2	A 型通信车←→B 型通信车 2	1.7km+1.6km=3.3km
短波通信链路 3	A 型通信车←→B 型通信车 3	1.7km+1.9km=3.6km
超短波通信链路 3	A 型通信车←→B 型通信车 3	1.7km+1.9km=3.6km
无线宽带通信链路 3	A 型通信车←→B 型通信车 3	1.7km+1.9km=3.6km

图 7-12　通信设备部署示意图

2. 采集设备部署

综合采集设备用于采集通信设备的各种通信性能指标，如语音通信 MOS 值、数据通信误码率、传输时延等，以及通信设备处的无线信号频谱，因此综合采集设备部署在通信设备旁边。

7.4.5　干扰设备部署

1. 实验一干扰设备部署

实验一不使用干扰资源智能调度优化技术，干扰设备按常规方法采取抵近干扰方式进行部署，因此其部署方式如图 7-13 所示。图中黄色五角星表示通信设备，白色三角形表示综合采集设备，红色多边形表示干扰设备，每台通信设备抵近部署两台干扰设备（短波干扰机和超短波干扰机各一台），因此 5 台通信设备共抵近部署了 10 台干扰设备。

图 7-13　实验一设备部署示意图

2. 实验二干扰设备部署

实验二使用干扰资源智能调度优化技术，部署前先采用干扰资源智能调度优化技术计算干扰设备部署距离，然后按照在保障干扰效能的前提下尽可能使用一台干扰设备对多台通信设备进行有效干扰的原则，完成干扰设备的配置，尽可能节省干扰设备资源，在电子地图上完成干扰设备的部署。

图 7-14 所示是对短波通信设备进行有效干扰的干扰等效模拟计算结果，可知短波通信设备的有效干扰距离约为 860 米。

根据干扰距离以及各通信设备的实际部署距离可知，在 A 型通信车和通信节点车中间部署一台短波干扰设备就可以同时压制干扰这两台车上的短波通信设备；同样，在 B 型通信车 1 和 B 型通信车 2 之间、B 型通信车 2 和 B 型通信车 3 之间各配置一台短波干扰设备，就可以完全干扰这三台车的短波通信设备。超短波通信和无线宽带通信的干扰设备配置方法类似，因此最终可得实验二的干扰设备部署方式如图 7-15 所示，共配置 3 台短波干扰设备和 3 台超短波干扰设备。

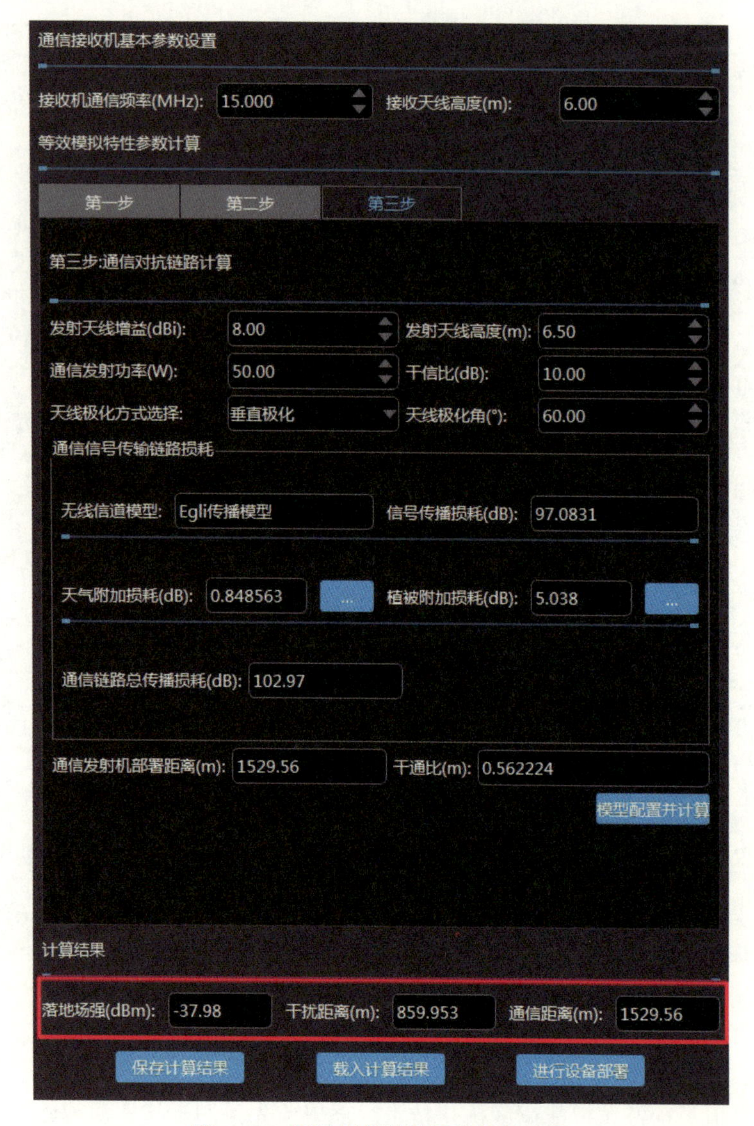

图 7-14　短波通信等效干扰计算结果

比较实验一和实验二的干扰设备部署情况可知，实验二的干扰设备数量减少了，干扰设备部署位置离通信设备的距离比实验一更远，如果能够得到与实验一相同或相近的干扰效能，就能够说明实验二的干扰资源智能调度技术具有节省资源的优势。

7.4.6　导控中心设备部署

导控中心主要部署服务器、磁盘存储阵列和三台席位控制计算机，其部署方式如图 7-16 所示。

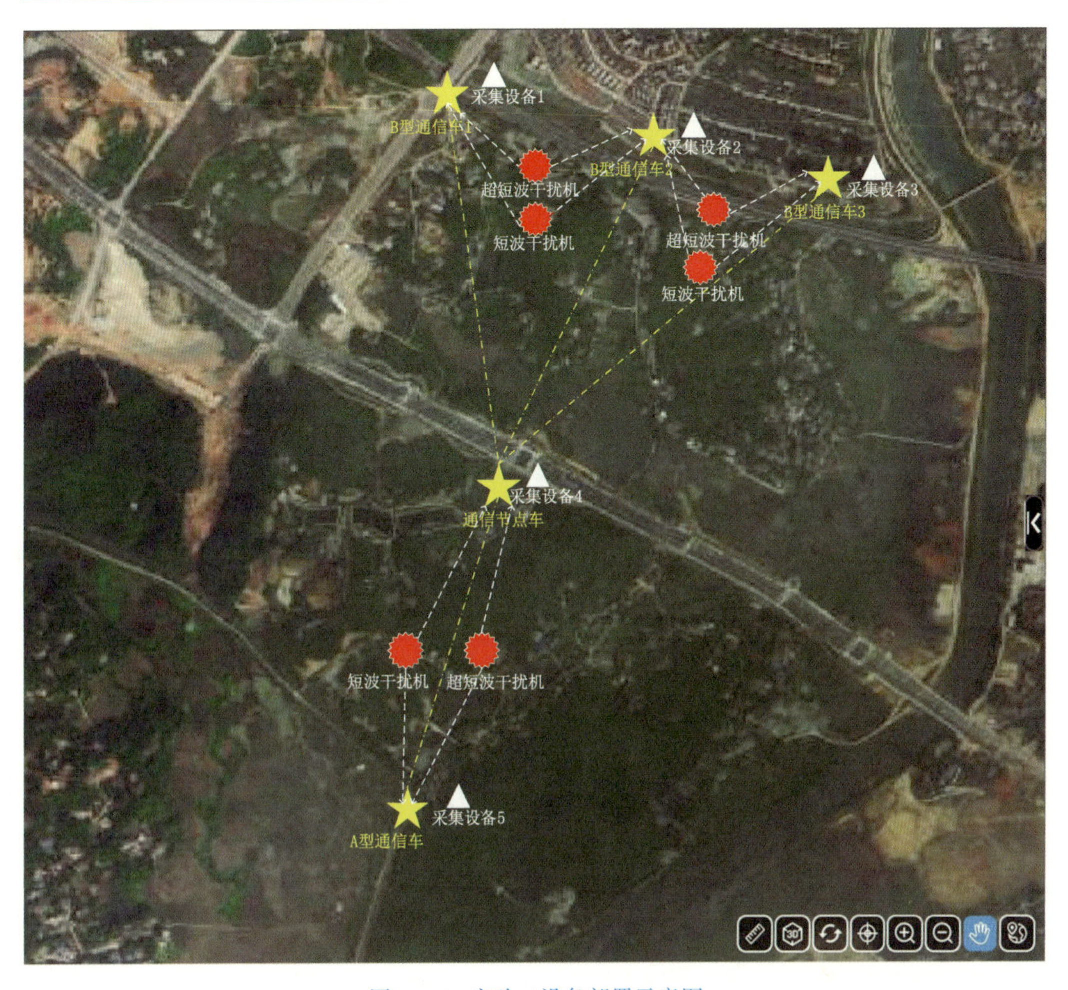

图 7-15　实验二设备部署示意图

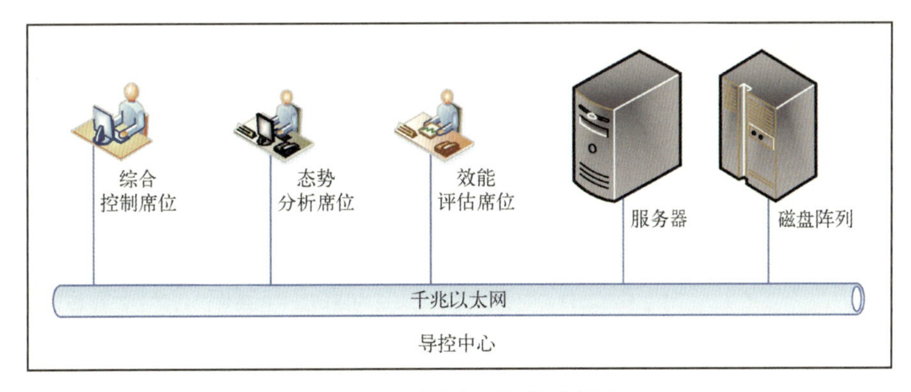

图 7-16　导控中心部署示意图

7.4.7　实验人员配置

1. 实验一人员配置

实验一人员配置如表 7-13 所示。

表 7-13　实验一人员配置

人员类型	数　量	备　注
通信设备操作人员	10 人	每台通信车配置 2 名操作人员，用于操作车载通信电台
干扰设备远程操作控制人员	1 人	导控中心配置 1 名操作人员，使用席位控制计算机对所有干扰设备进行远程操控，包括干扰参数设置、开关控制等远程操作
采集设备远程操作控制人员	1 人	导控中心配置 1 名操作人员，使用席位控制计算机对所有采集设备进行侦测参数设置、开关控制、侦测频谱监视、干扰效能评估指标数据采集等操作
态势分析监视操作人员	1 人	导控中心配置 1 名操作人员，使用席位控制计算机对整个试验过程进行统一的设备状态监视和态势监视
干扰设备外场保障人员	4 人	完成干扰设备的外场部署及试验过程中的设备保障工作，按每 3 台干扰设备配置 1 名保障人员的原则，10 台干扰设备需要配置 4 人
采集设备外场保障人员	2 人	完成采集设备的外场部署及试验过程中的设备保障工作，按每 3 台采集设备配置 1 名保障人员的原则，5 台采集设备需要配置 2 人
总计	19 人	

2. 实验二人员配置

实验二人员配置如表 7-14 所示。

表 7-14　实验二人员配置

人员类型	数　量	备　注
通信设备操作人员	10 人	每台通信车配置 2 名操作人员，用于操作车载通信电台
干扰设备远程操作控制人员	1 人	导控中心配置 1 名操作人员，使用席位控制计算机对所有干扰设备进行远程操控，包括干扰参数设置、开关控制等远程操作
采集设备远程操作控制人员	1 人	导控中心配置 1 名操作人员，使用席位控制计算机对所有采集设备进行侦测参数设置、开关控制、侦测频谱监视、干扰效能评估指标数据采集等操作
态势分析监视操作人员	1 人	导控中心配置 1 名操作人员，使用席位控制计算机对整个试验过程进行统一的设备状态监视和态势监视
干扰设备外场保障人员	2 人	完成干扰设备的外场部署及试验过程中的设备保障工作，按每 3 台干扰设备配置 1 名保障人员的原则，6 台干扰设备需要配置 2 人
采集设备外场保障人员	2 人	完成采集设备的外场部署及试验过程中的设备保障工作，按每 3 台采集设备配置 1 名保障人员的原则，5 台采集设备需要配置 2 人
总计	17 人	

7.4.8　实验数据采集内容

1. 干扰效能评估指标数据

在实验一和实验二的执行过程中，需要采集同样的干扰效能评估指标，用于对比分析，具体的评估指标如表 7-15 所示。

表 7-15　评估指标

指标名称	指标用途	采集方法
语音 MOS 值	在干扰条件下，根据接收端的话音通信质量高低来评估干扰效能，语音通信 MOS 等级越小，表明干扰效果越好	在干扰条件下，接收端操作人员根据接听话音的噪声、话音连续性、能否准确传递语音信息等因素，主观判定话音质量
数据通信误码率	在干扰条件下，根据接收端的数据误码率来评估干扰效能，数据误码率越大，表明干扰效果越好	从通信设备的通信接口直接读取误码率
数据传输时延	在干扰条件下，根据接收端的数据传输时延来评估干扰效能，数据传输时延越大，表明干扰效果越好	从通信设备的通信接口直接读取传输时延

2. 干扰资源调度数据

干扰资源调度数据包括两种实验方案下的人力资源配置数据、干扰设备的干扰距离、干扰设备的干扰信号参数（主要是干扰信号功率）等，这些数据在制定实验方案时就已经基本确定了，在实验过程中只需要根据实际的干扰设备位置对干扰距离进行微调。

7.4.9 实验结果对比分析

1. 人力资源对比分析

实验一需要 19 人，实验二需要 17 人，因此采用干扰资源智能调度优化技术后，优化了干扰设备的资源配置，从而减少了外场保障人员的需求，节省了人力资源。如果实验规模更大，参训设备更多，则对人力资源的节省会更有效。

2. 信号干扰参数对比分析

在两种实验方案下，能够产生压制效果的信号干扰参数对比如表 7-16 所示。

表 7-16　实验一干扰参数表

干扰设备	干扰对象	干扰信号频率	干扰功率
3~30MHz 干扰机 1	B 型通信车 1	15MHz	43dBm
3~30MHz 干扰机 2	B 型通信车 2	15MHz	43dBm
3~30MHz 干扰机 3	B 型通信车 3	15MHz	43dBm
3~30MHz 干扰机 4	通信节点车	15MHz	43dBm
3~30MHz 干扰机 5	A 型通信车	15MHz	43dBm
30MHz~1GHz 干扰机 1	B 型通信车 1	55. 025MHz	43dBm
30MHz~1GHz 干扰机 2	B 型通信车 2	55. 025MHz	43dBm
30MHz~1GHz 干扰机 3	B 型通信车 3	55. 025MHz	43dBm
30MHz~1GHz 干扰机 4	通信节点车	55. 025MHz	43dBm
30MHz~1GHz 干扰机 5	A 型通信车	55. 025MHz	43dBm
30MHz~1GHz 干扰机 1	B 型通信车 1	545MHz	43dBm
30MHz~1GHz 干扰机 2	B 型通信车 2	545MHz	43dBm

（续）

干扰设备	干扰对象	干扰信号频率	干扰功率
30MHz～1GHz 干扰机 3	B 型通信车 3	545MHz	43dBm
30MHz～1GHz 干扰机 4	通信节点车	545MHz	43dBm
30MHz～1GHz 干扰机 5	A 型通信车	545MHz	43dBm

实验二每台干扰机的干扰信号频率和功能配置如表 7-17 所示。

表 7-17　实验二干扰参数配置表

干扰设备	干扰对象	干扰信号频率	干扰功率
3～30MHz 干扰机 1	B 型通信车 1 B 型通信车 2	15MHz	39dBm
3～30MHz 干扰机 2	B 型通信车 2 B 型通信车 3	15MHz	35dBm
3～30MHz 干扰机 3	通信节点车 A 型通信车	15MHz	37dBm
30MHz～1GHz 干扰机 1	B 型通信车 1 B 型通信车 2	55.025MHz	37dBm
30MHz～1GHz 干扰机 2	B 型通信车 2 B 型通信车 3	55.025MHz	33dBm
30MHz～1GHz 干扰机 3	通信节点车 A 型通信车	55.025MHz	36dBm
30MHz～1GHz 干扰机 1	B 型通信车 1 B 型通信车 2	545MHz	33dBm
30MHz～1GHz 干扰机 2	B 型通信车 2 B 型通信车 3	545MHz	30dBm
30MHz～1GHz 干扰机 3	通信节点车 A 型通信车	545MHz	31dBm

在短波、超短波和无线宽带三个通信频段上，实验二采用干扰资源智能调度优化技术得到干扰功率配置方案，不但减少了干扰机的数量，而且在同样的干扰频率上每台干扰机的干扰功率普遍比实验一的干扰功率小，因此在整体电能消耗上，实验二小于实验一。

3. 干扰效能对比分析

在采集干扰效能评估指标时，每一个指标测试时采集 5 组数据，将 5 组数据取均值作为该指标的评估值。对于每一条端到端通信链路，两个实验的干扰效能对比分析如表 7-18 所示。

表 7-18　干扰效能对比

通信链路	语音 MOS 均值		误码率均值		传输时延均值	
	实验一	实验二	实验一	实验二	实验一	实验二
短波通信链路 1	1.83	1.85	58%	57%	532ms	546ms
超短波通信链路 1	1.78	1.82	65%	68%	625ms	634ms

（续）

通信链路	语音 MOS 均值		误码率均值		传输时延均值	
	实验一	实验二	实验一	实验二	实验一	实验二
无线宽带通信链路 1	1.51	1.48	73%	75%	755ms	783ms
短波通信链路 2	1.73	1.68	61%	62%	655ms	637ms
超短波通信链路 2	1.86	1.91	56%	59%	581ms	588ms
无线宽带通信链路 2	1.36	1.41	78%	78%	823ms	843ms
短波通信链路 3	1.75	1.72	65%	61%	627ms	605ms
超短波通信链路 3	1.82	1.84	58%	59%	541ms	549ms
无线宽带通信链路 3	1.45	1.51	75%	76%	723ms	735ms
总平均值	1.68	1.69	65%	66%	651ms	657ms

由表 7-18 可见，对于每一个评估指标，不管是单条链路均值还是所有链路的总平均值，实验一和实验二的最终结果相差均很小，总体干扰效能是相近的。

第 8 章　空地联合分布式通信干扰系统工程设计实例

本章对之前几章阐述的关键技术和算法在工程中的应用进行实例分析，给出工程设计实现的简要思路和初步方案。首先介绍空地联合分布式通信干扰系统的总体设计方案，然后从空中通信干扰机和地面通信干扰机两个方面阐述工程设计实例，最后对系统软件方案进行介绍。

8.1　系统总体设计方案

空地联合通信干扰系统由若干台空中通信干扰机、若干台地面通信干扰机和无线自组网设备组成，可以通过以太网接口或无线控制模块进行组网集中控制，其组成示意图如图 8-1 所示，空中通信干扰机的无线自组网设备集成在整机内部，地面控制终端和

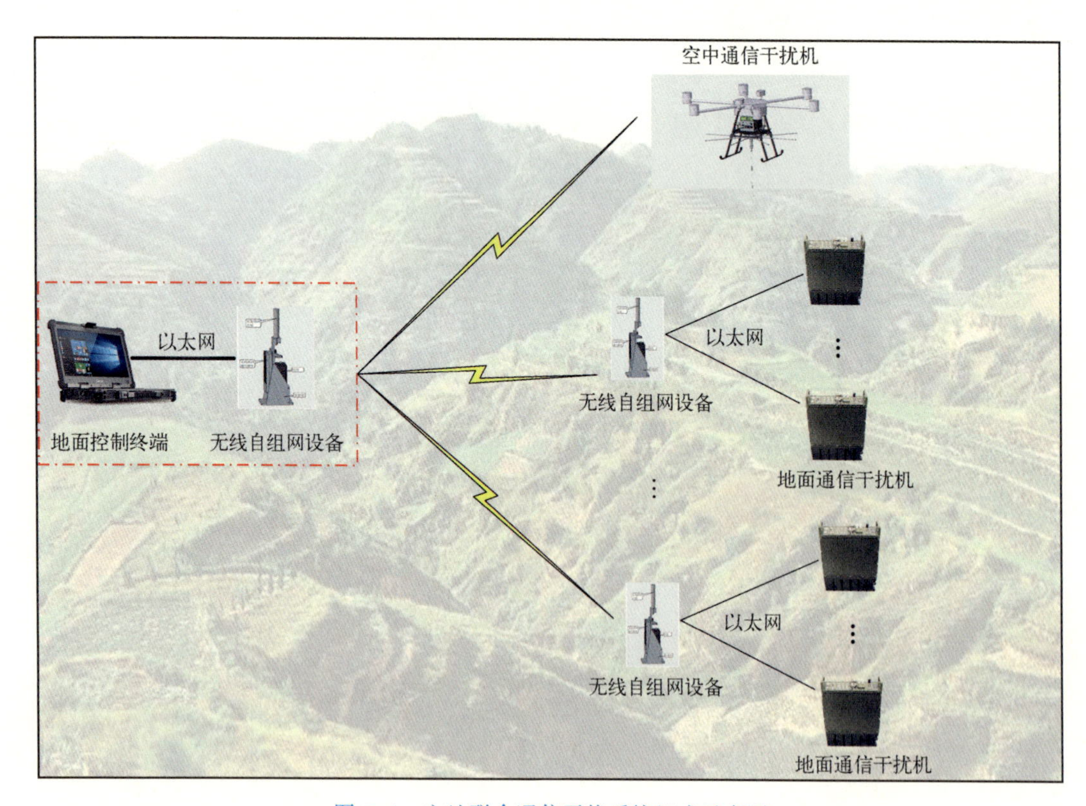

图 8-1　空地联合通信干扰系统组成示意图

地面通信干扰机的无线自组网设备外置，地面控制终端和地面通信干扰机通过以太网与无线自组网设备进行通信。下面分别对空中通信干扰机和地面通信干扰机的设计方案进行阐述。

8.2 空中通信干扰机设计方案

8.2.1 系统组成

空中通信干扰机主要由信号处理模块、功放模块（内部集成低通滤波器和收发切换开关）、底板、无线自组网模块、天线和供电单元组成，其组成框图和整体布局图分别如图 8-2 和图 8-3 所示。其中功放模块和无线自组网模块分别已在第 4 章和第 5 章阐述，不再赘述。

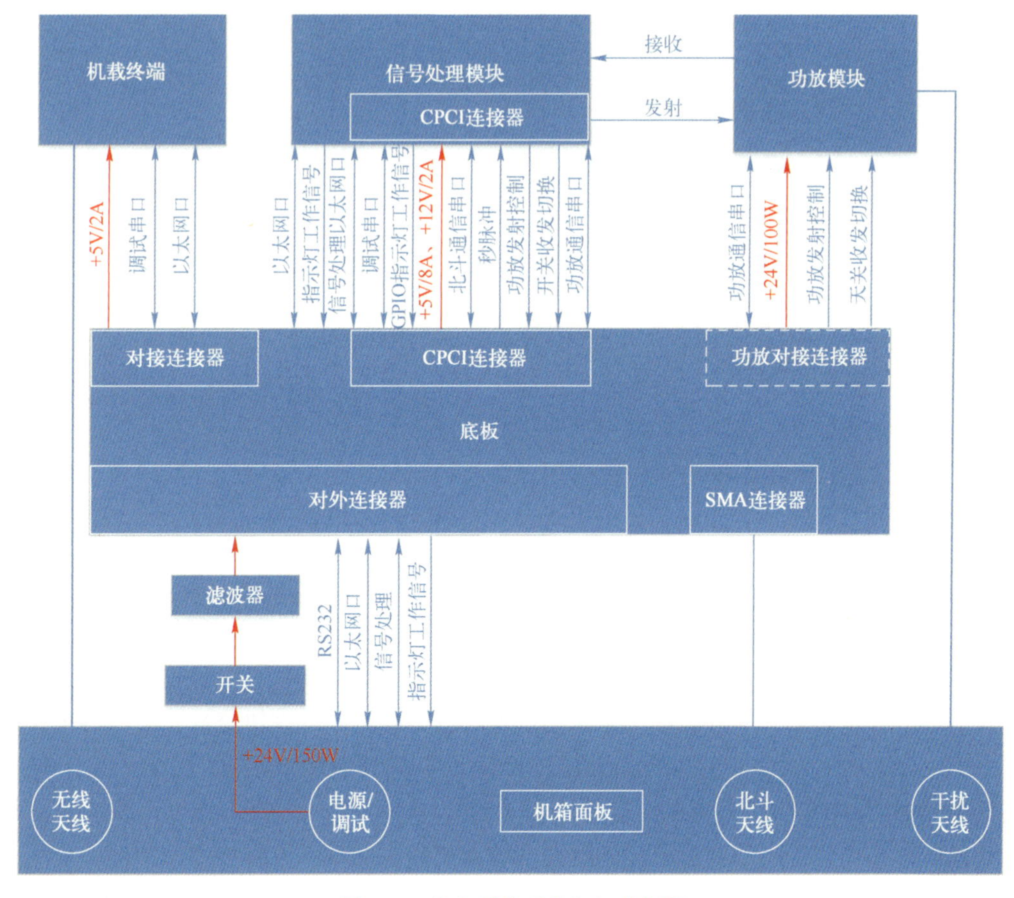

图 8-2 空中通信干扰机组成框图

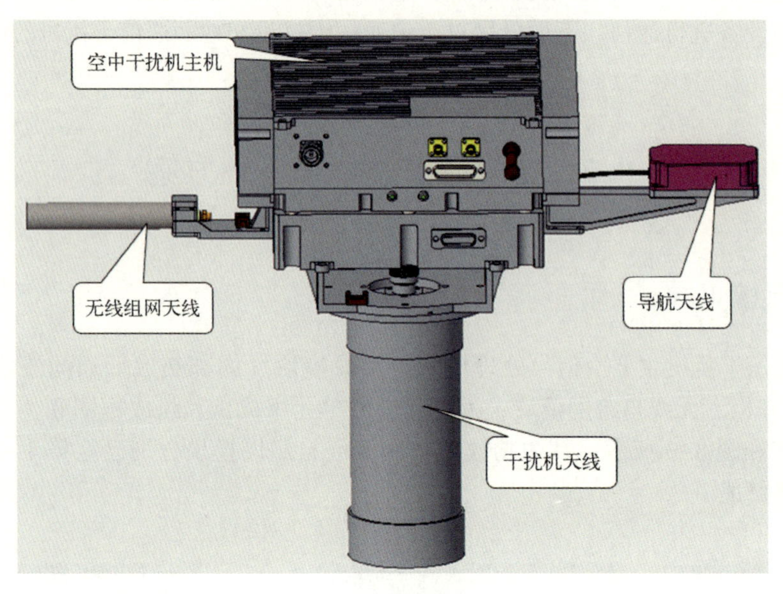

图 8-3　空中系统整体布局 3D 图

8.2.2　模块设计方案

1. 信号处理模块

信号处理模块 1 路接收信号频率范围为 1.5MHz~6GHz，1 路发射信号频率范围为 1.5MHz~6GHz，其原理框图如图 8-4 所示。

2. 底板

底板主要实现通信干扰机内部各个模块的转接及集成北斗授时定位模块，其原理框图如图 8-5 所示。

在选择北斗授时定位模块时，可选用低功耗的全星座定位高性能导航模块，实现联合定位、导航与授时。

3. 天线

空中通信干扰机要求天线频段覆盖 30~1000MHz，方位面全向，质量轻，功率容量大于 20W，且天线安装后不影响无人机起落。对照指标要求，天线存在两个难点：一是频带范围覆盖较宽；二是频段较低，低频对应的天线的尺寸过长，常规天线安装后无人机起降会存在问题。为了解决上述两个难点，本方案采用分频段设计，天线分为 30~108MHz、108~512MHz、512~1000MHz 三个频段分别设计，其中 30~108MHz、108~512MHz 两个低频段由于天线尺寸过长，天线辐射体采用卷尺天线，卷尺天线的辐射体是一种软细钢丝，可以随意弯曲。天线形式还是单极子天线，方位面全向辐射。天线从无人机向下倒吊固定，无人机降落时，天线触地后弯曲，不会影响无人机的着陆。512~1000MHz 频段天线尺寸不大，可以用常规的金属辐射体，不会影响无人机的起落。限于篇幅，下面重点以 30~108MHz 频段设计为例进行介绍。其天线电性能和机械性能分别如表 8-1 和表 8-2 所示。其天线外形示意图如图 8-6 所示。

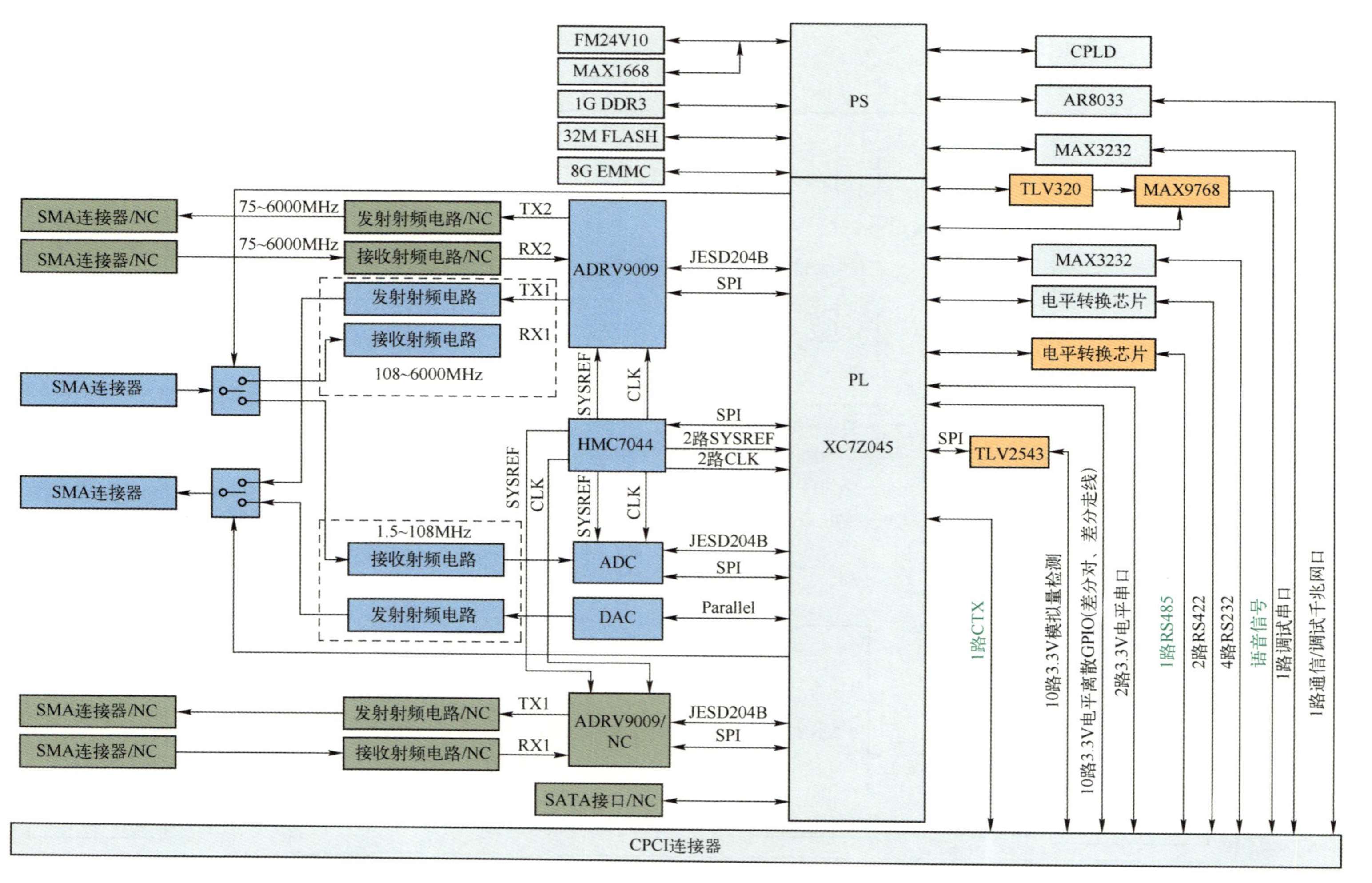

图 8-4　信号处理板原理框图

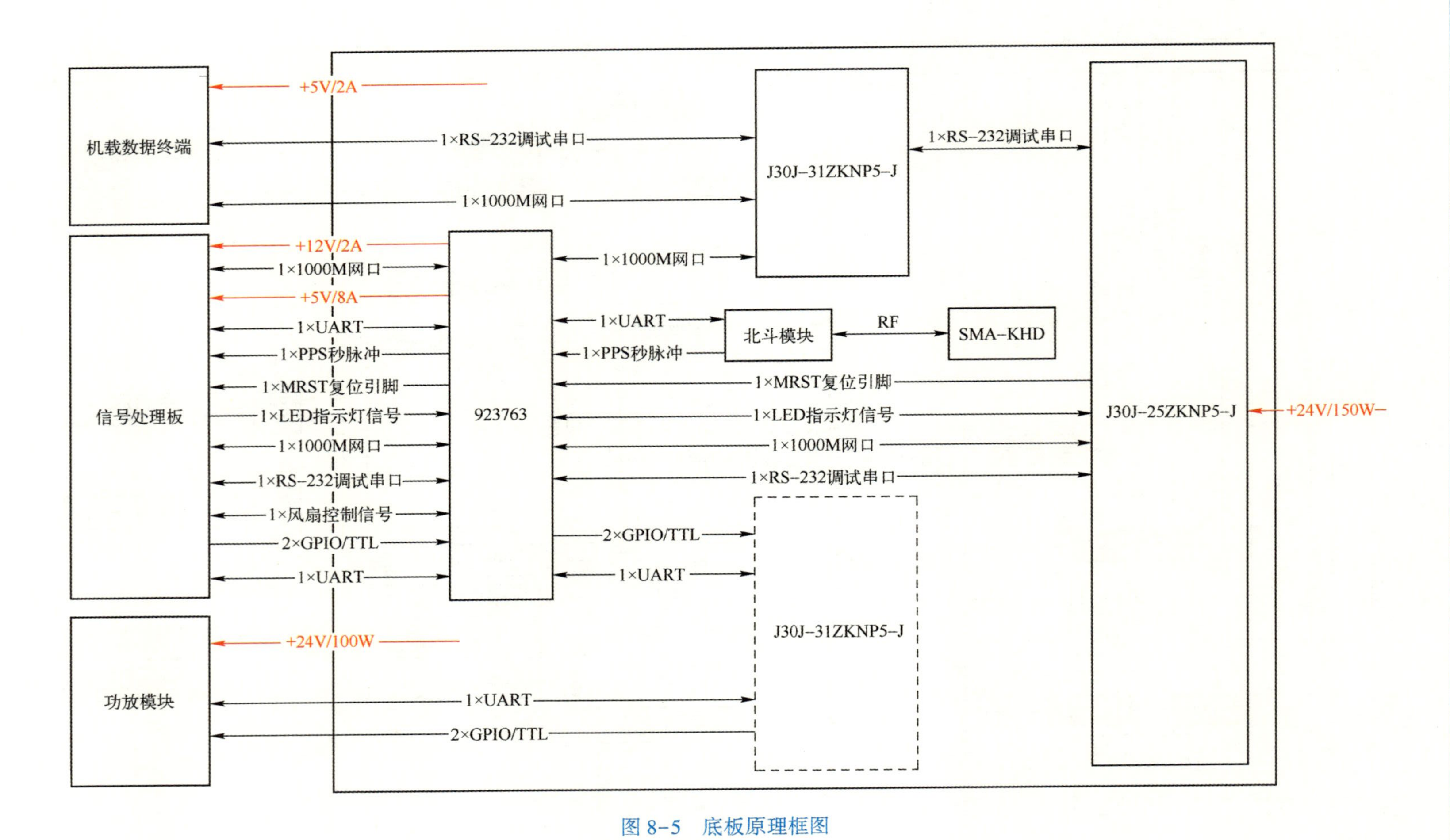
+5V/2A
机载数据终端
1×RS-232调试串口
1×1000M网口
J30J-31ZKNP5-J
1×RS-232调试串口
+12V/2A
1×1000M网口
+5V/8A
1×UART
1×PPS秒脉冲
1×MRST复位引脚
信号处理板
1×LED指示灯信号
1×1000M网口
1×RS-232调试串口
1×风扇控制信号
2×GPIO/TTL
1×UART
923763
1×1000M网口
1×UART
1×PPS秒脉冲
北斗模块
RF
SMA-KHD
1×MRST复位引脚
1×LED指示灯信号
1×1000M网口
1×RS-232调试串口
J30J-25ZKNP5-J
+24V/150W
2×GPIO/TTL
1×UART
J30J-31ZKNP5-J
+24V/100W
功放模块
1×UART
2×GPIO/TTL

图 8-5　底板原理框图

表 8-1　30～108MHz 天线电气性能

频率范围/Frequency Range	30～108MHz
增益/Gain	-8～2dBi
辐射方向图/Radiation Pattern	全向/Omnidirectional
天线类型/Antenna Type	单极天线/Monopole
水平波瓣宽度/Horizontal Beamwidth	360°
电压驻波比/VSWR	≤3.5
极化形式/Polarization	垂直/Vertical
功率容量/Power Capacity	20W
输入阻抗/Input Impedance	50Ω
接口形式/RF Connector	N 型阴头/Type “N” Female

表 8-2　30～108MHz 天线机械性能

天线总高度/Height	1500±5mm
重量/Weight	≤0.5kg
结构形式/Composition	单节/Single Section
颜色/Color	褐绿色/Brown green（GY05）
天线外罩材料/Radome Material	玻璃钢/Fiberglass

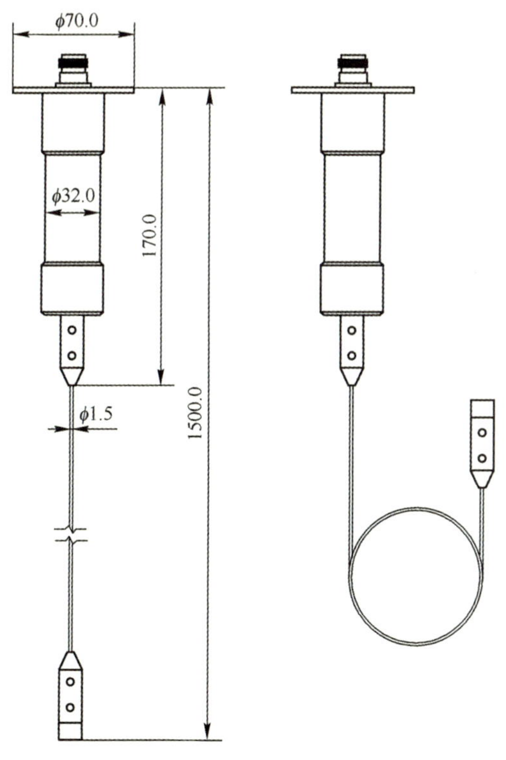

图 8-6　30～108MHz 天线外形示意图

天线仿真结果如图 8-7～图 8-9 所示。

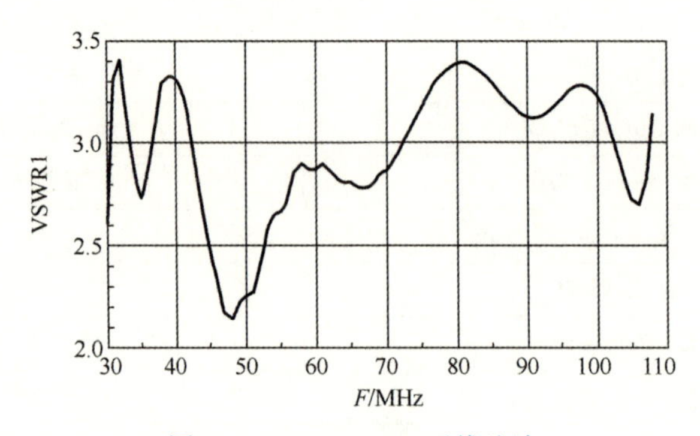

图 8-7　30～108MHz 天线驻波

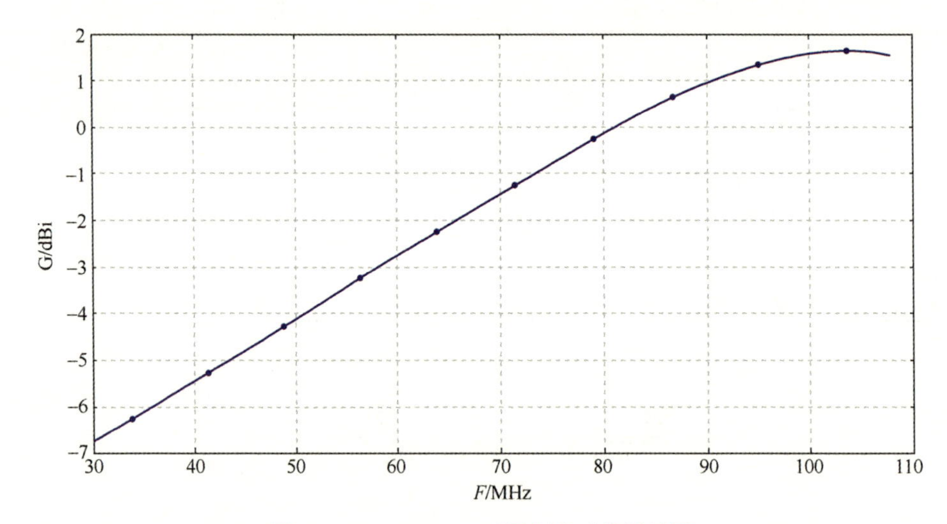

图 8-8　30～108MHz 不同频点天线增益图

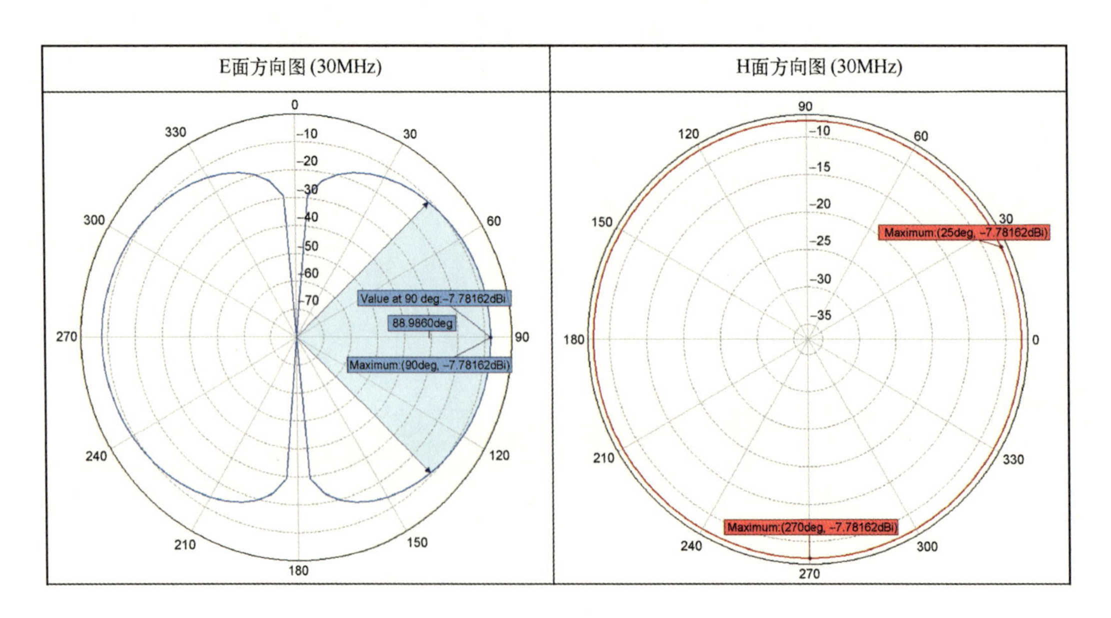

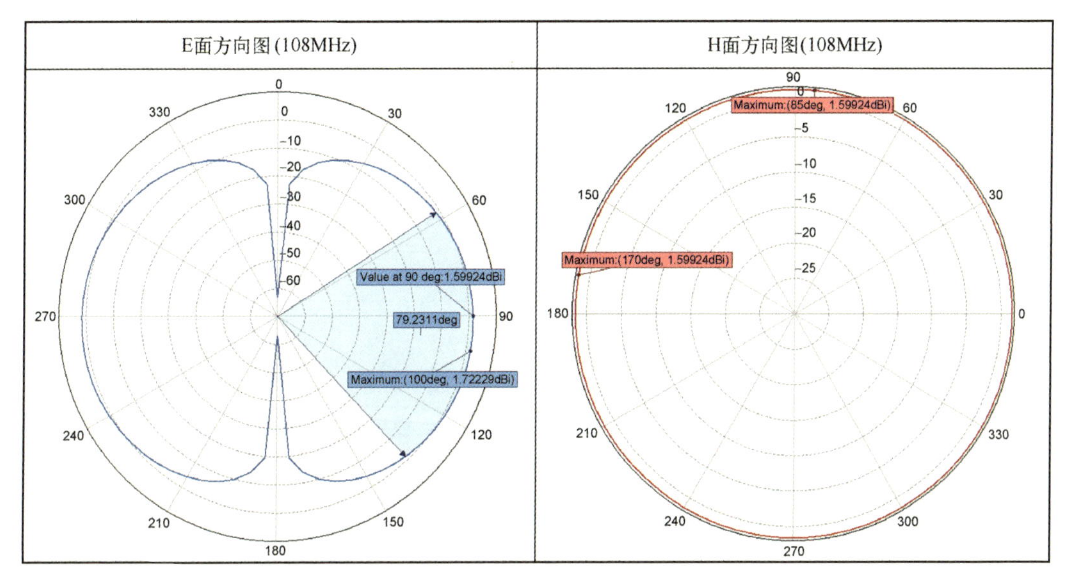

图 8-9　30~108MHz 不同频点天线方向图

通过设计与优化，天线的增益、方向图和驻波均满足设计要求，在实际调试过程中，由于天线安装在不同大小的金属平面上，因此增益存在差别，对于短波和超短波频段，理论上加大金属地平面会提高增益，实际调试时可做适当的调整，天线驻波比采用 LC 集总元件和传输线变压器匹配网络进行优化，其损耗可控，加上电缆接头等器件损耗，增益损耗可以控制在 1dB 以内。

经仿真计算，天线本身质量为 0.5kg，天线直接安装在机箱上，将机箱作为地，可以满足无人机载重要求。天线触地后弯曲，不会影响无人机的着陆。

8.3　地面通信干扰机设计方案

8.3.1　系统组成

地面通信干扰设备由信号处理板、底板、射频综合处理模块、功放、天线和锂电池等部分组成，如图 8-10 和图 8-11 所示。

8.3.2　模块设计方案

1. 信号处理板方案设计

信号处理板采用 Z7030+AD9361 的设计思路，信号处理板的硬件原理框图如图 8-12 所示。

信号处理板选用 Xilinx 公司的 Z7 系列 SOC，该 SOC 内部分为 ARM 处理器（PS）和 FPGA 逻辑（PL）两部分。ARM CPU 外围配置 1GB DDR3 SDRAM，32MB FLASH，128KB NVRAM（用于保存 BIT 信息），设计 1 路千兆网口、1 路 RS232 用于调试。通过 CPU 的 I^2C 总线外挂 AD 芯片实现板上重要器件温度的监测。通过 CPU 的 SPI 总线外挂 AD 芯片实现电源电压的监测。

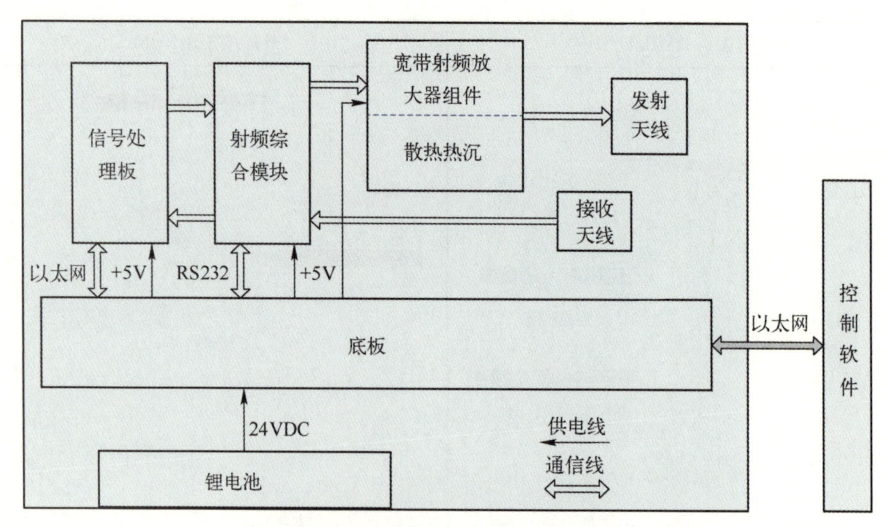

图 8-10　通信干扰设备内部框图

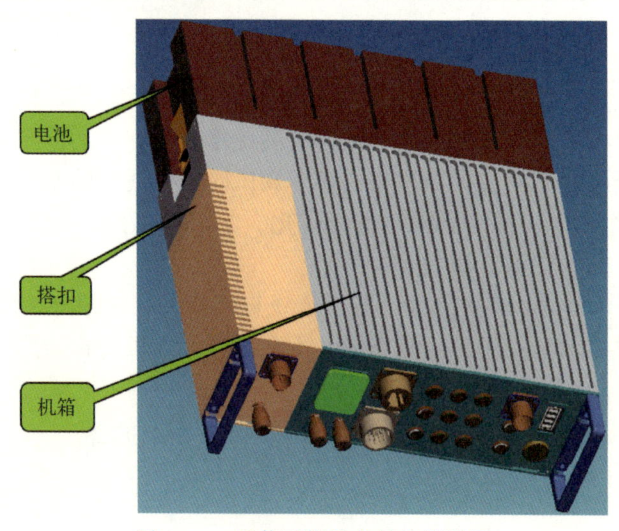

图 8-11　通信干扰设备结构设计图

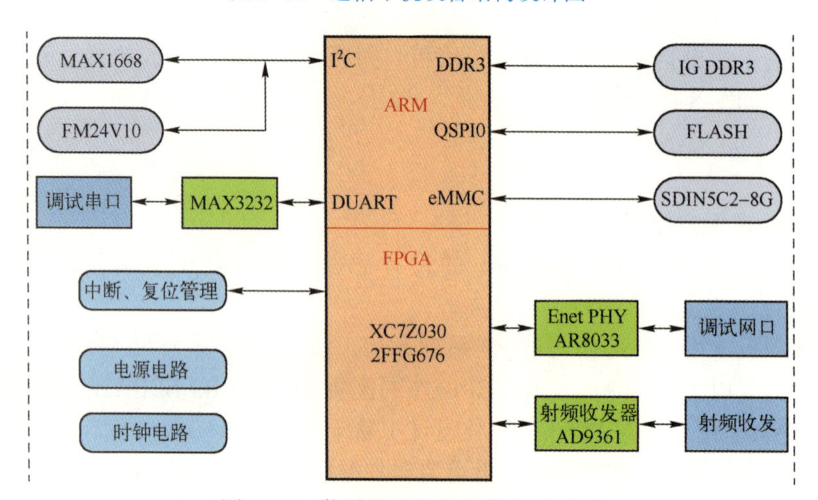

图 8-12　信号处理板的硬件原理框图

2. 底板方案设计

底板主要包括控制模块、BIT 模块、电源转换电路、以太网、串口、面板按键、液晶模块显示和连接器等电路，其硬件框图如图 8-13 所示，电源电路框图如图 8-14 所示。

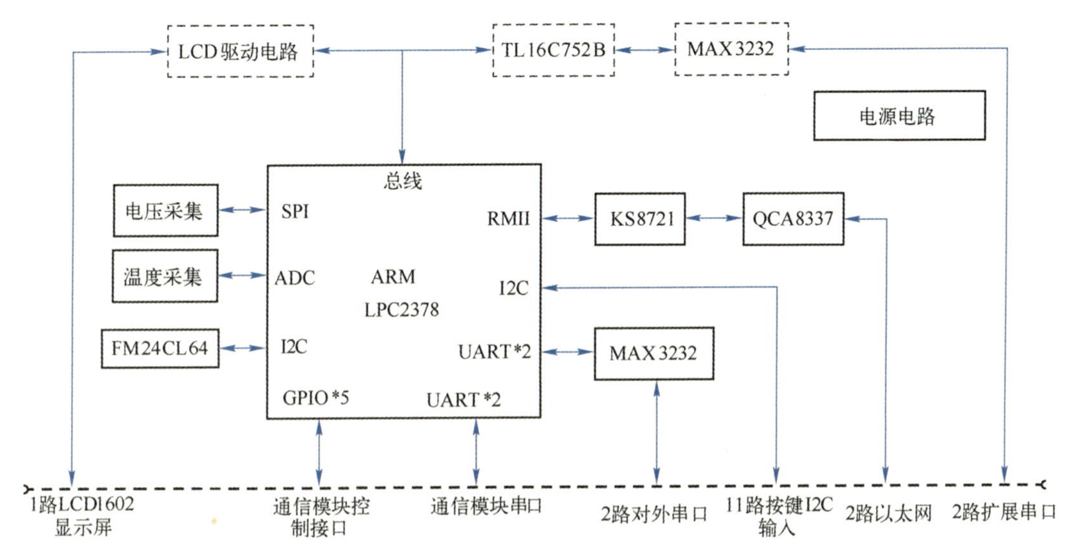

图 8-13　底板硬件框图

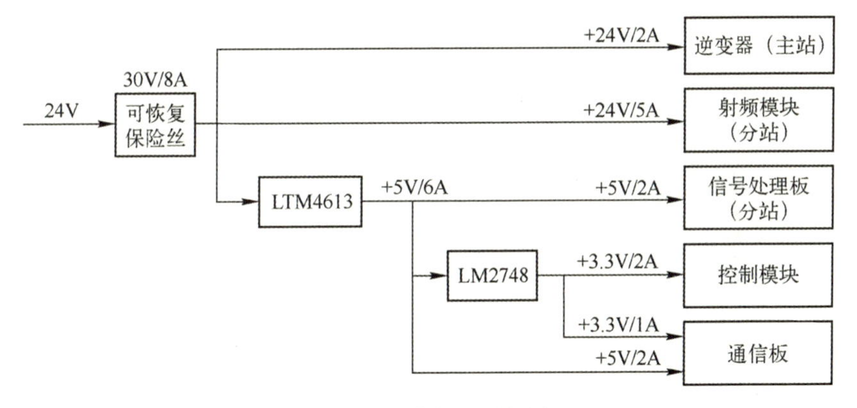

图 8-14　底板电源框图

3. 射频综合板方案设计

如图 8-15 所示，射频综合板主要由发射链路（包括直通和变频）和接收链路（包括直通和变频）组成，接收和发射频率在 30~90MHz 时采用变频通道，在 90~1000MHz 工作时采用直通通道工作。ARM 主要完成 BIT 信息的采集和功放模块和底板之间的通信。

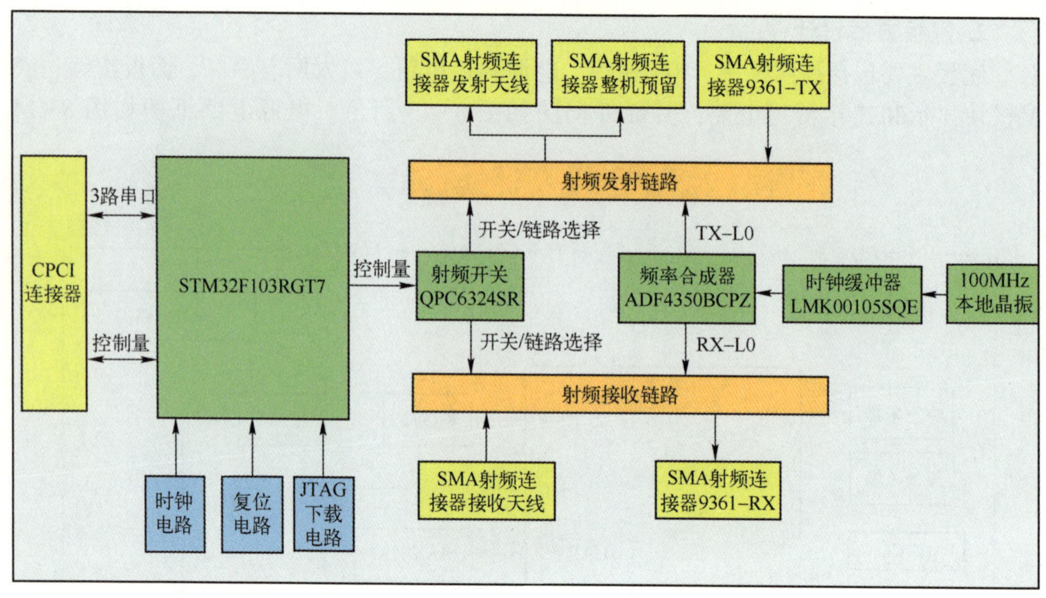

图 8-15 射频综合板框图

8.4 系统软件设计方案

8.4.1 软件组成及功能划分

软件包括嵌入式软件和导控软件两部分，其中嵌入式软件运行在各硬件板卡上，用于完成对硬件板卡的控制；导控软件运行在与干扰机网络连接的计算机上，用于对整个系统的配置、控制，以及无线信道仿真功能。软件的总体组成示意如图 8-16 所示。

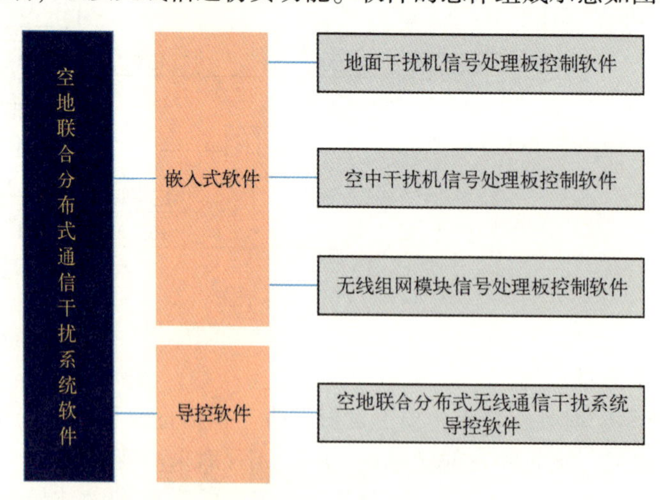

图 8-16 软件总体组成示意图

1. 嵌入式软件

嵌入式软件包括地面干扰机信号处理板控制软件、空中干扰机信号处理板控制软件、空中干扰机底控制软件和无线自组网模块信号处理板控制软件，各软件的功能划分如下。

（1）地面干扰机信号处理板控制软件：用于完成地面干扰机信号处理板的干扰参数配置、干扰信号控制、工作参数设置、工作状态收集、BIT 信息收集、通信控制、参数和状态上报、射频模块和功放模块控制等操作。

（2）空中干扰机信号处理板控制软件：用于完成空中干扰机信号处理板的干扰参数配置、干扰信号控制、工作参数设置、工作状态收集、BIT 信息收集、通信控制、参数和状态上报、射频模块和功放模块控制等操作。

（3）无线自组网模块信号处理板控制软件：用于完成无线自组网模块信号处理板参数设置、协议转发、通信控制等操作。

2. 导控软件

空地联合分布式通信干扰系统部署点位多，需要通过导控软件实现地面和空中通信干扰机的组网控制操作，具有干扰模式选择、干扰参数配置、干扰信号发射控制、信号侦测及侦测频谱态势显示、干扰分机状态监控、组网集控等主要功能。在空地联合分布式无线通信干扰系统中，导控功能主要由空地联合分布式无线通信干扰系统导控软件来完成。

8.4.2　空地联合分布式无线通信干扰系统导控软件

空地联合分布式无线通信干扰系统导控软件运行在安装了 Windows 7 操作系统的计算机上，空地联合分布式无线通信干扰系统导控软件总体功能框图如图 8-17 所示。

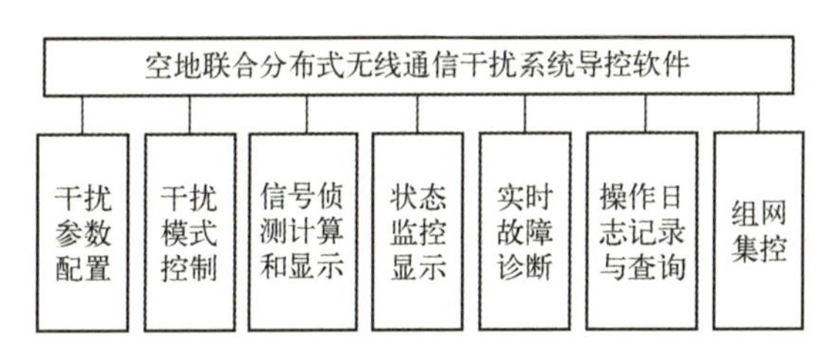

图 8-17　空地联合分布式无线通信干扰系统导控软件总体功能框图

空地联合分布式无线通信干扰系统导控软件用于控制空中或地面干扰机完成干扰控制模式、干扰参数配置、信号侦测计算和显示、状态监控显示、实时故障诊断、操作日志记录与查询、组网集控等功能，从而能够对每一台分站的干扰频率、干扰调制方式、干扰信号形式和干扰功能等进行配置，同时可以对试验区域内无线电频谱进行实时数据采集、分析和多维度频谱状态显示，并能根据导控指令实现全域组合式干扰。

1. 干扰参数配置模块

干扰参数计算配置项，根据获取的干扰参数，计算干扰分站硬件能够解析的干扰参数（如频率控制字、时间控制参数等）、频率控制字、时间控制参数、调制类型参数（AM、FM、FSK 调制参数）、调制信号源参数（单音、白噪声、伪随机数据、等幅报等调制信号源参数）。干扰参数注入配置项，通过干扰参数注入将计算出来的干扰参数封装成参数协议包，传输给干扰分站，同时将操作参数和操作过程记录到数据库中；通过干扰参数协议封装将干扰参数封装成网络协议包；通过干扰参数协议传输将干扰参数协议包传输给干扰分站，并对传输过程和传输结果进行控制；通过参数注入操作日志记录将参数注入操作过程和相应的参数记录到数据库中。其结构示意如图 8-18 所示。

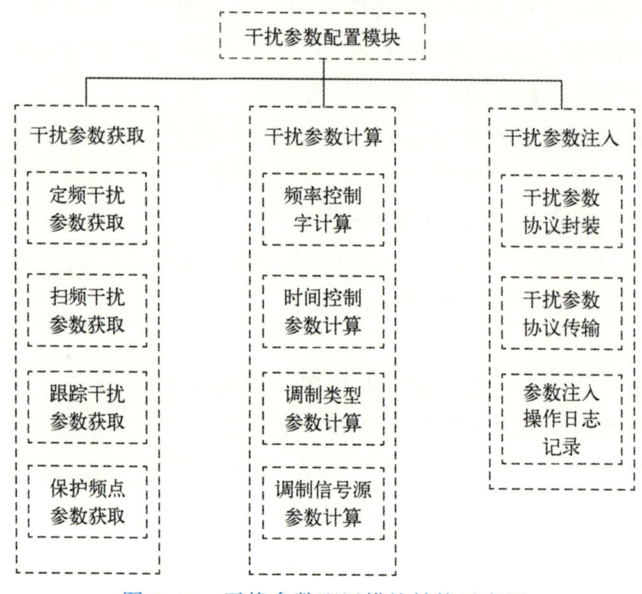

图 8-18　干扰参数配置模块结构示意图

2. 干扰模式控制模块

干扰模式选择通过干扰模式控制模块（图 8-19），选择定频干扰或扫频干扰或跟踪干扰，并根据选定的干扰模式和干扰参数输出对应的干扰信号。如果选择定频干扰模式，则设置定频干扰软件界面，通过干扰参数配置模块中的干扰参数获取配置项获取该模式下的定频干扰参数（如干扰频率、干扰时间、调制类型及参数、调制信号源类型及参数，并批量保存到相应数据结构中）、扫频干扰参数、跟踪干扰参数和保护频点参数；同理，如果选择扫频干扰模式或跟踪干扰模式，则以同样的方式通过干扰参数配置模块中的干扰参数获取配置项获取该模式下的定频干扰参数、扫频干扰参数、跟踪干扰参数和保护频点参数。

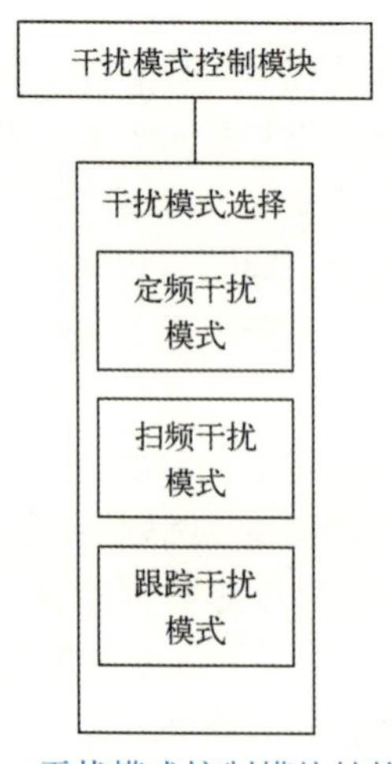

图 8-19　干扰模式控制模块结构示意图

3. 信号侦测计算和显示模块

通过信号侦测频谱计算模块（图 8-20）中的“侦测数据接收”配置项实现从干扰分站接收侦测数据，对传输过程进行控制处理，并实现定时封装侦测数据获取协议，传输给干扰分站请求侦测数据；通过“侦测数据解析”配置项，实现对分包传输的侦测数据进行接收过程处理及合包处理，计算所有侦测数据的频率值和功率值并通过侦测频谱显示模块（图 8-21）显示映射得到的频谱态势曲线。

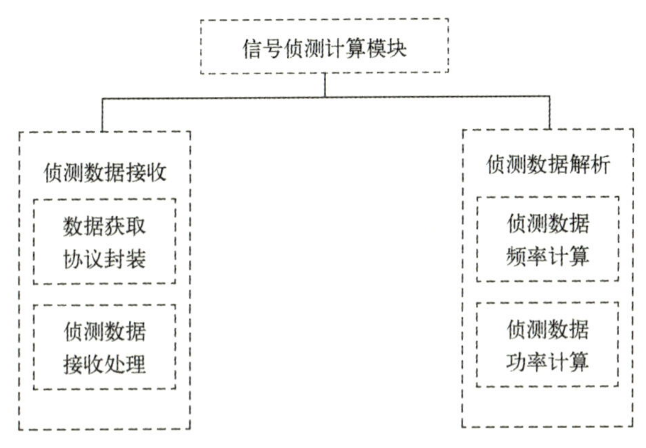

图 8-20　信号侦测计算模块结构示意图

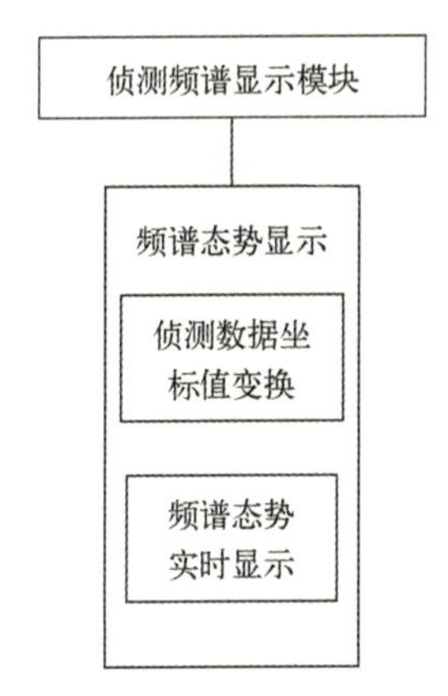

图 8-21　侦测频谱显示模块结构示意图

4. 状态监控显示模块

通过状态监控显示模块（图 8-22）获取工作参数、工作状态，从接收数据中解析干扰分站的工作状态和工作参数，并根据解析结果，在导控系统界面上以动画、图、表的形式显示干扰分站当前的工作状态和工作参数。

5. 实时故障诊断模块

实时故障诊断模块（图 8-23）提供故障诊断功能，能够对干扰机的故障状态信息、BIT 信息进行实时查询，以便分析系统故障原因。

6. 操作日志记录与查询模块

操作日志记录与查询模块支持将所有关键操作记录到数据库中，并根据需要对操作日志进行查询，以操作时间为顺序清晰地显示所有操作列表，为系统故障原因分析提供一个有利的工具。查询结果可以导出成 Excel 文件。设计方案操作日志查询软件界面示例如图 8-24 所示。

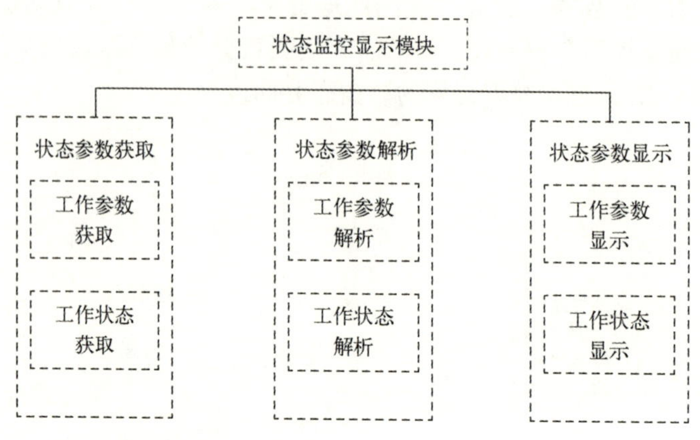

图 8-22　状态监控显示模块结构示意图

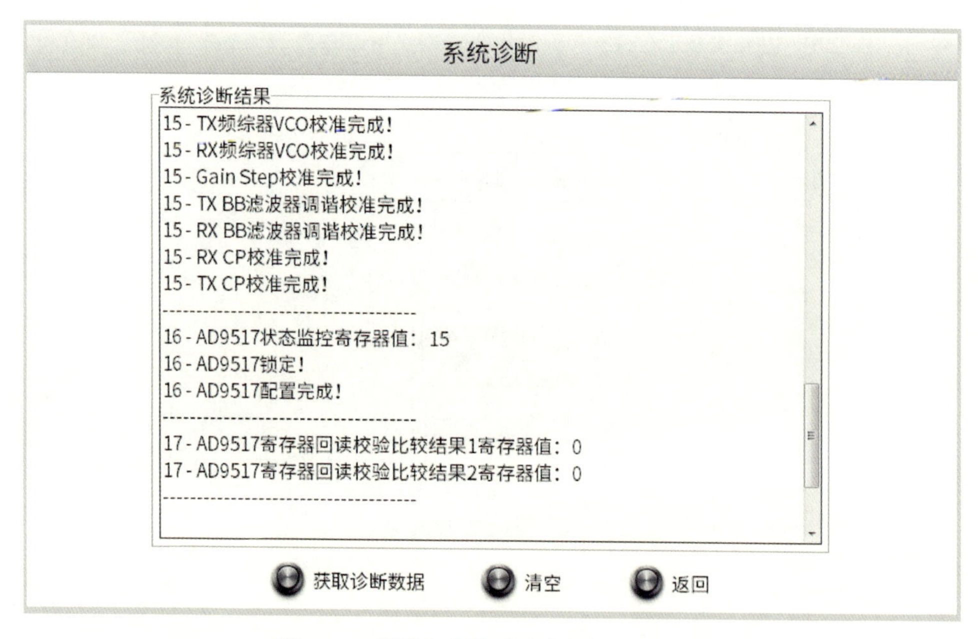

图 8-23　设计方案故障诊断软件界面示例

7. 组网集控模块

组网集控模块支持一台计算机与多台不同频段的干扰机通过局域网组网，由空地联合干扰系统控制空地联合分布式无线通信干扰系统导控软件，对多台干扰机进行集中调度控制，按需产生不同频段、不同干扰模式、不同信号样式的干扰信号，并能在空地联合分布式无线通信干扰系统导控软件界面上显示联网的各台干扰机的连接状态和连接参数。

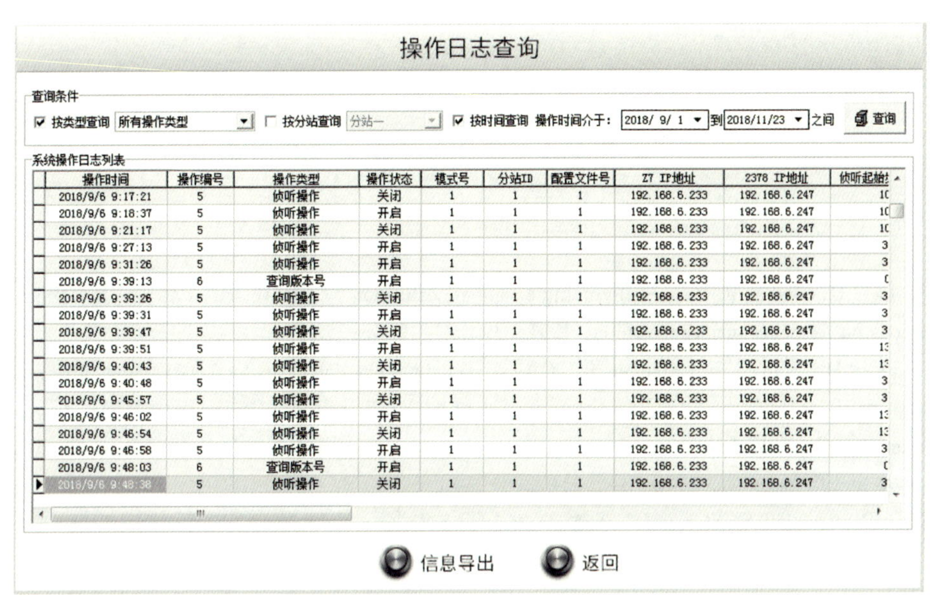

图 8-24　设计方案操作日志查询软件界面示例

参考文献

[1] Huang Y D, Barkat M. Near-field multiple source localization by passive sensor array [J]. IEEE Transactions on Antennas and Propagation, 1991, 39 (7): 968-975.

[2] Morinaga M, Shinoda H, Kondoh H. DOA estimation of coherent waves for 77GHz automotive radar with three receiving antennas [C]. Proceedings of the 6th European Radar Conference, Rome, Italy, 2009.

[3] Schmidt R O. Multiple emitter location and signal parameter estimation [J]. IEEE Transactions on Antennas and Propagation, 1986, 34 (3): 276-280.

[4] Kwon B S, Jung T S, Shin C H, et al. Decoupled 3-D near-field source localization with UCA via centrosymmetric subarrays [J]. IEICE Transactions on Communications, 2011, 11: 3143-3146.

[5] Wu Y, So H C . Simple and accurate two-dimensional angle estimation for a single sourcewith uniform-circular array [J]. IEEE Antennas and Wireless Propagation Letters, 2008, 7: 78-80.

[6] Wu Y, Wang H, Zhang Y, et al. Multiple nearfield source localisation with uniform circular array [J]. IEEE Electronics Letters, 2013, 49 (24): 1509-1510.

[7] Starer D, Nehorai A. Passive localization on near-field sources by path following [J]. IEEE Transactions on Signal Processing, 1994, 42 (3): 677-680.

[8] Lee J H, Park D H, Park G T, et al. Algebraic path-following algorithm for localising 3-D near-field sources in uniform circular array [J]. IEEE Electronics Letters, 2003, 39 (17): 1283-1285.

[9] Bae E H, Lee K K. Closed-form 3-D localization for single source in uniform circular array with a center sensor [J]. IEICE Transactions on Communications, 2009, 3: 1053-1056.

[10] Jung T J, Lee K. Closed-form algorithm for 3-D singlesource localization with uniformcircular array [J]. IEEE Antennas and Wireless Propagation Letters, 2014, 13: 1096-1099.

[11] Wu Y, Wang H, Huang L, et al. Fast algorithm for three-dimensional single near-field source localization with uniform circular array [C]. Proceedings of the 6th International Conference on Radar, RADAR 2011, China, 2011.

[12] Zuo L, Pan J, Shen Z. Analytical algorithm for 3-D localization of a single source with uniform circular array [J]. IEEE Antennas and Wireless Propagation Letters, 2018, 17 (2): 323-326.

[13] Tan C M, Foo S E, Beach M A, et al. Nix. Ambiguity in MUSIC and ESPRIT for direction of arrival estimation [J]. IEEE Electronics Letters, 2002, 38 (24): 1598-1600.

[14] Chen X, Liu Z, Wei X . Unambiguous parameter estimation of multiple near-field sources via rotating uniform circular array [J]. IEEE Antennas and Wireless Propagation Letters, 2017, 16: 872-875.

[15] Chen X, Wang S H, Liu Z, et al. Ambiguity resolving based on cosine property of phase differences for 3-D source localization with uniform circular array [C]. Proceedings of the 2017 International Conference On Digital Image Processing (ICDIP, Hongkong), China, 2017.

[16] Liu Z. , Chen L X, Wei Z H, et al. Ambiguity analysis and resolution for phase-based 3D source localization under given UCA [J]. International Journal of Antennas and Propagation, 2019, Article ID 4743829.

[17] 魏振华，占建伟．一种通信干扰机专用的超宽带功放 [P]. 中国：ZL202011180118.9,

2022. 09. 05.

[18] 刘玉飞．面向 IEEE 802. 11n 射频一致性测试的同步技术研究与应用［D］．南京：东南大学．2016.

[19] 姜婷婷．基于软件无线电的数字基带信号处理技术的研究［D］．南京：南京理工大学，2012.

[20] 胡建．CO-OFDM 的 MATLAB 仿真及基带功能的 FPGA 设计［D］．武汉．华中科技大学，2011.

[21] 马俊汉．CDMA2000 前向基本业务信道的 FPGA 实现［D］．大连：大连海事大学，2014.

[22] 邓伟．基于 DSP 的 SCA 波形应用组件的开发和实现［D］．湖南大学．2012.

[23] 朱泳霖．QAM 调制解调技术研究及其 FPGA 实现［D］．长沙：中南大学，2010.

[24] 张冬冬．用于 LTE 的混合基 DFT 算法的 FPGA 实现［D］．西安：西安电子科技大学，2010.

[25] 李恒．宽带极高速 WLAN 系统的时频同步方法研究与系统硬件实现［D］．南京：东南大学，2015.

[26] 蔡少明．OFDM 解调模块设计实现与性能验证［D］．重庆：重庆大学，2011.

[27] 罗祥．MIMO-OFDM 系统发射机关键技术的研究与 FPGA 仿真实现［D］．武汉：武汉理工大学，2012.

[28] 高精．LTE 系统中编码调制技术的 FPGA 设计与实现［D］．西安：西安电子科技大学，2012.

[29] 崔启亮．OFDM 基带处理器的 FPGA 实现［D］．西安：西安电子科技大学，2011.

[30] 徐逸佳．非理想非高斯信道下检测译码技术研究［D］．南京：东南大学，2015.

[31] Pinkney F J, Hampel D, DiPierro S. Unmanned aerial vehicle（UAV）communications relay［C］. Proceedings of MILCOM, 1996：2234-2240.

[32] Hwang F K, Richards D S, Winter P. The steiner tree problem［M］. Amsterdam：North-Holland, 1992.

[33] Cheng X Z, Du D Z. Relay sensor placement in wireless sensor networks［J］. Wireless Network, 2008, 14（6）：347-355.

[34] Kimenc S, Bekmezci E. Weighted relay node placement for wireless sensor network connectivity［J］. Wireless Network, 2014, 20（3）：553-562.

[35] Roh H T, Lee J W. Joint relay node placement and node scheduling in wireless networks with a relay node with controllable mobility［J］. Wireless Communication Mobile Computing, 2012, 12（3）：699-712.

[36] Senel F, Younis M F. Bio-inspired relay node placement heuristics for repairing damaged wireless sensor networks［J］. IEEE Transactions on Vehicular Technology, 2011, 60（6）：1835-1848.

[37] Ozkan O, Ermis M. Nature-inspired relay node placement heuristics for wireless sensor networks［J］. Journal of Intelligent & Fuzzy Systems, 2011, 32（5）：65-74.

[38] Olsson P M, Kvarnstr J, Doherty P. Generating UAV communication networks for monitoring and surveillance［C］. 2010 11th International Conference on Control Automation Robotics and Vision, Singapore, 2010：1070-1077.

[39] Burdakov O, Doherty P, Holmber K. Optimal placement of UV-based communications relay nodes［J］. Journal Glob Optim, 2010, 48（2）：511-531.

[40] Pei1 Y T, Mutka1 M W. Connectivity and bandwidth-aware real-time exploration in mobile robot networks［J］. Wireless Communication Mobile Computing, 2013, 13（1）：847-863.

[41] Nguyen V, Gachter S. A comparison of line extraction algorithms using 2D range data for indoor mobile robotics［J］. Autonomous Robots, 2007, 23：97-111.

[42] Lloyd E L, Xue G. Relay node placement in wireless sensor networks［J］. IEEE Transactions on Computers, 2007, 56（1）：134-138.

[43] 伍明，李琳琳，付光远，等．汪洪桥基于中间节点扩展树的视距通信启发式中继节点布设方法［C］．第三十五届中国控制会议论文集，2016.
[44] 魏振华，屈毓锛，付光远，等．分布式智能干扰系统用的定功率式干扰资源调度优化方法［P］．中国：ZL201810237559. 4，2020-05-05.
[45] 魏振华，屈毓锛，李琳琳，等．分布式智能干扰系统用的定位置式干扰资源调度优化方法［P］．中国：ZL201810237560. 7，2020-05-05.
[46] 魏振华．一种分布式干扰机用导控系统［P］．中国：ZL201910130240. 6，2021-10-29.